Thomas Gartzen, Ute Gartzen (Hrsg.)

Innovation durch Kooperation

Wie der Mittelstand durch Zusammenarbeit mit den Hochschulen seine Wettbewerbsfähigkeit steigert

Festschrift für Prof. Dr. rer. nat. Johannes Gartzen

Bibliografische Information der Deutschen Nationalbibliothek
Die Deutsche Nationalbibliothek verzeichnet diese Publikation in der Deutschen Nationalbibliografie; detaillierte bibliografische Daten sind im Internet über http://dnb.ddb.de abrufbar.

Thomas Gartzen, Ute Gartzen (Hrsg.):

Innovation durch Kooperation - Wie der Mittelstand durch Zusammenarbeit mit Hochschulen seine Wettbewerbsfähigkeit steigern kann

1. Auflage, 2013

Gedruckt auf holz- und säurefreiem Papier, 100% chlorfrei gebleicht.

Apprimus Verlag, Aachen, 2013
Wissenschaftsverlag des Instituts für Industriekommunikation und Fachmedien an der RWTH Aachen
Steinbachstr. 25, 52074 Aachen
Internet: www.apprimus-verlag.de, E-Mail: info@apprimus-verlag.de

Druck: CPI Druckdienstleistungen GmbH,
Ferdinand-Jühlke-Straße 7 I 99095 Erfurt

ISBN 978-3-86359-136-6

Vorworte

Thomas Rachel, MdB

Parlamentarischer Staatssekretär im Bundesministerium für Bildung und Forschung

Sehr geehrte Damen und Herren,

diese Festschrift ehrt einen verdienten Forscher und Gestalter der Wissenschaftsregion Aachen. In seiner dreißigjährigen Tätigkeit als Professor der Fachhochschule Aachen hat er sich nicht nur in seinem Fachgebiet der Trenntechnik und Lasertechnologie einen Namen gemacht, sondern er hat durch zahlreiche Unternehmensausgründungen, einem Unternehmerseminar und zahlreichen Weiterbildungsprojekten mit dem örtlichen Handwerk und der Industrie die Wissenschaft und Wirtschaft belebt.

Professor Johannes Gartzen bestritt sein Studium in einer Zeit des Aufbruchs und des gesellschaftlichen Wandels an den deutschen Universitäten. Auch an den durch die Ingenieurwissenschaften geprägten Hochschulen ging der Geist der Veränderung, die Forderungen nach mehr Mitbestimmung und Demokratie, nicht spurlos vorüber. Eine weitaus stillere, dafür aber mindestens ebenso tiefgreifende und nachhaltige Veränderung prägt er in seiner späteren Zeit als Professor maßgeblich mit: Die Öffnung der Hochschulen hin zu Wirtschaft und Handwerk bedeutet nicht nur für die beteiligten Unternehmen einen großen Gewinn, sondern schafft für die Studierenden in einem doppelten Sinne Perspektive. Zum einen bedeutet die enge Anbindung zur Wirtschaft und zum Handwerk eine praxisnahe Ausbildung mit einer anderen Art, Probleme wahrzunehmen und Lösungsansätze zu erarbeiten. Zum anderen schafft die Verzahnung Perspektive für das Leben der Studierenden, da sie in den Firmen oftmals eine gute Beschäftigung finden.

Dass die Wirtschaft in der Region Aachen ganz besonders von dem exzellenten wissenschaftlichen Ruf der RWTH Aachen, FH Aachen und dem Forschungszentrum Jülich profitiert, dies ist in besonderer Weise engagierten Brückenbauern wie Professor Gartzen zu verdanken. Ein fester Pfeiler dieser Brücke ist der berufsbegleitende Masterstudiengang „Entrepreneurship“, dessen Geschicke Johannes Gartzen als Vorsitzender des Koordinierungsrates wie kein anderer prägte. Die Aus- und Weiterbildung engagierter, kompetenter und wagnisbereiter Unternehmerpersönlichkeiten ist ein besonderes Kennzeichen des Wirkens von Professor Gartzen geworden.

Ich wünsche ihm für den Unruhestand weiterhin viel Tatendrang und die gute Gesundheit, die zur Erfüllung der vielen Ziele notwendig ist. Er soll der Wissenschaftsregion Aachen noch lange als engagierter Gestalter erhalten bleiben.

Auf die weitere Zusammenarbeit freut sich

Thomas Rachel, MdB

Helmut Etschenberg
Städteregionsrat der StädteRegion Aachen

Sehr geehrter Herr Professor Gartzen, lieber Johannes,

wer Sie kennt, der weiß: Sportwagen sind Ihre Leidenschaft! Beschleunigung, Tempo, Dynamik, Innovation und Leistungsfähigkeit sind Attribute, die die Königsklasse des Motorsports prägen. Damit ist jedem automatisch klar, was Sie als Hochschullehrer und Unternehmer mit diesen Fahrzeugen verbindet. Leidenschaftlich leben Sie die Wissenschaft und das Unternehmertum. Sie setzen Ideen in kommerziell wertvolle Lösungen um und praktizieren den Technologietransfer von der Hochschule in die Wirtschaft – und umgekehrt. Es ist Ihr bleibender Verdienst, Unternehmertum pioniergleich im Lehrplan verankert zu haben. Aus den Anfängen heraus haben Sie Entrepreneurship zum Ausbaustudium, zum MBA Studiengang, ausgebaut.

Aufgrund Ihrer ausgezeichneten kommunikativen Fähigkeiten waren Sie stets in der Lage, hierfür Mitstreiter aus Politik, Kammern, Betrieben, Verbänden und Kreditinstituten zu gewinnen. Hier merkt man, dass Sie – auch im übertragenen Sinn – unter anderem auch Fachmann für Fügetechnik sind. Erfolgreich haben Sie Studierende, Lehrende und Praktiker zu stabilen Verbindungen, zu Netzwerken, zusammengefügt.

Nichts wirkt auf Studierende so glaubwürdig wie das praktische Vorleben. Deshalb waren und sind Sie bei den Studierenden außerordentlich beliebt, was sich in den aktuell erschienen Rankings und nicht zuletzt in der Zahl der Diplomarbeiten ausdrückt. Ihre Absolventen halten und hielten dauerhaft Verbindung zu Ihnen.

Sehr geehrter Herr Professor Gartzen, lieber Johannes, so wie Sportwagen weltweit als Botschafter einer Marke wirken, sind Sie ein Markenbotschafter der Fachhochschule Aachen. Sie haben deren Bedeutung und damit auch das Ansehen unserer Region nachhaltig geprägt. Dafür gebührt Ihnen unser verbindlicher Dank.

Eine Wissenschafts- und Forschungslandschaft kann ihre Potenziale nur dann zum Vorteil einer Region entfalten, wenn sie im Kontext zu einem prosperierenden Wirtschafts- und Dienstleistungsangebot steht. Um aus Bildung und Wissen neue Arbeitsplätze generieren zu können, braucht es engagierte Akteure vor Ort, die mit strategischem Weitblick und guten Ideen die richtigen Entscheidungen treffen. Und es bedarf verlässlicher regionaler Netzwerke, um eine geeignete Struktur mit Leben zu füllen. In Ihrer Funktion als neuer Aufsichtsratsvorsitzender der AGIT haben Sie diese Fäden von nun an in der Hand und ich habe keinen Zweifel, dass Sie hieraus ein sicheres Seil für unsere Region knüpfen werden. Ich freue mich auf die weitere Zusammenarbeit und wünsche Ihnen für den kommenden Lebensabschnitt alles Gute,

herzliche Grüße

Helmut Etschenberg

Marcel Philipp

Oberbürgermeister der Stadt Aachen

Die Stadt dankt! Dass Aachen in Nordrhein-Westfalen die Wissenschaftsstadt schlechthin ist, liegt nicht in erster Linie an politischen Initiativen, sondern vor allem an Wissenschaftlern. Ihrer Exzellenz in Forschung, Lehre und Entwicklung und ihrem Innovationsgeist ist es zu verdanken, dass die Stadt wie auch die ganze Region innerhalb der Hochschullandschaft herausragen.

Es sind Persönlichkeiten wie Herr Prof. Dr. Johannes Gartzen, die den Rang Aachens auf dem Gebiet der Wissenschaft gesichert und gefestigt haben. Über 30 Jahre lang hat er in seinem Fachgebiet, der Lasertechnik, erstklassige und viel beachtete Arbeit geleistet und damit die Aufmerksamkeit der wissenschaftlichen Community auf den Westzipfel der Republik gelenkt. Diesen Verdienst um den Hochschulstandort teilt Prof. Gartzen mit vielen Kolleginnen und Kollegen an den brillanten Aachener Hochschulen.

Es gibt allerdings Verdienste, für die die Stadt Aachen ihm zu ganz besonderem Dank verpflichtet ist. Trotz hoher wissenschaftlicher Ansprüche hat sich Herr Prof. Gartzen nie im Elfenbeinturm eingeschlossen und die Wissenschaft als reinen Selbstzweck verstanden. Vielmehr hat er praktische Fragen der Wissenschaftsanwendung, des Technologietransfers, der Nachwuchssicherung und der Regionalentwicklung in seinen Fokus genommen. Als Initiator des Studiengangs Entrepreneurship, als aktiver Mittler zwischen Hochschulen, dem Ingenieurnachwuchs und Unternehmen und als Katalysator zahlreicher Spin-Offs verkörpert Herr Prof. Gartzen ein zentrales Ziel von Stadt und Region Aachen: durch die Verbindung von Wissenschaft und Standort eine zukunftsreiche Einheit zu schaffen, mit der Strukturwandel gelingt.

Aus diesem Grund freut es mich, dass diese Festschrift nicht das Ende des aktiven Arbeitslebens markiert. Als Aufsichtsratsvorsitzender der Aachener Gesellschaft für Innovation und Technologietransfer (AGIT) setzt Professor Gartzen seine Arbeit nur mit anderen Mitteln fort und sorgt damit sicherlich für weitere Akzentsetzungen zum Wohle unserer Stadt und Region. Auch hierfür wird ihm der Dank der Stadt in Zukunft wieder gewiss sein.

Ihr Marcel Philipp

Margareta Ritter
Bürgermeisterin
Stadt Monschau

Hubert Breuer
Bürgermeister a.D.
Simmerath

Helmut Lanio
Geschäftsführer
WM-Holding
Monschau

Theo Steinröx
Bürgermeister a.D.
Stadt Monschau

Die vielen Gäste, die als Touristen die Eifel erkunden, lieben die landschaftliche Schönheit, die Erholung in der Natur und deren rauen Charme. Das ist die Eifel. Die Eifel ist aber noch viel mehr: Sie ist eine wirtschaftlich prosperierende Region mit vielen technikorientierten Unternehmen. Spätestens hier treffen wir auf Professor Gartzen - auf seinen Einfluss, auf sein Wirken. In vielen dieser Betriebe gibt es eine enge Zusammenarbeit mit ihm, der in der Eifel „viele Pflöcke eingeschlagen hat".

Auch der Technikbegeisterte kann so seine Tour durch die Eifel machen und dabei die schöne Landschaft keines Blickes würdigen. Er macht eine „Tour de Gartzen", die den Einfluss und das Wirken von Prof. Gartzen an vielen Stellen deutlich werden lässt. Und wie ein Tourist auch nicht jede sehenswerte Stelle anfahren kann, muss sich auch diese Tour auf Schwerpunkte beschränken. Zu weit ist das Wirken von Prof. Gartzen, als das man alles erfassen könnte.

Lassen Sie uns die „Tour de Gartzen" beginnen. Wir beginnen dort, wo auch für Johannes Gartzen alles begann: bei Otto Junker in Lammersdorf.

Hier hat Prof. Gartzen die ersten Firmenkontakte in die Nordeifel in seiner Funktion als Fachhochschulprofessor geknüpft. Bei Otto Junker ist eine enge Vernetzung von Lehre, Forschung und Arbeit entstanden. „Er hat immer vor Ort Lösungen gesucht, sie mit Studenten erarbeitet und nicht im stillen Kämmerlein gearbeitet. Er hat es bereits in jungen Jahren verstanden, zu begeistern und zu motivieren, begleitend tätig zu sein und Ängste zu nehmen. Diese Eigenschaften hat sich Prof. Gartzen bis heute bewahrt", dieses Lob kommt vom früheren Bürgermeister der Gemeinde Simmerath Hubert Breuer, der Prof. Gartzen aus der gemeinsamen Studienzeit an der ehemaligen Ingenieurschule, der heutigen Fachhochschule Aachen, kennt. Durch die Verbindung der beiden ehemaligen Kommilitonen kommt es zur Vernetzung von Otto Junker in Lammersdorf mit der Fachhochschule Aachen. „Wir nannten ihn Johnny", erinnert sich Hubert Breuer, dem es besonders gefällt, dass Johannes Gartzen trotz seiner Erfolge bodenständig geblieben ist. Auch Hubert Breuers Sohn ist in den Genuss gekommen, bei ihm auf der Aachener Hochschule studieren zu dürfen.

Von Otto Junker, wo für Johannes Gartzen vieles begann, ist es nur eine kleine Strecke ins Gewerbegebiet Rollesbroich. Bei der Stollenwerk Elektrotechnik und Maschinenbau GmbH hat der 27-jährige Matthias Pfeiffer sein berufliches Glück gefunden. Seinem ehemaligen Professor und Mentor zollt er hohen Respekt: „Ich kenne keinen Dozenten, der derart praxisbezogen arbeitet. Seinen anschaulichen und spannenden Vorlesungen ist es zu verdanken, dass ich die Fachrichtung „Schweißtechnik" eingeschlagen habe." Doch die Rundumversorgung im Sinne von Professor Gartzen geht weit darüber hinaus. „Professor Gartzen hat mich hierher vermittelt, mir mit Andreas Vollmann einen wahren Fachmann zur Seite gestellt und ist an der Entwicklung mittelständiger Betriebe sehr interessiert", weiß Matthias Pfeiffer. „Er ist der Ansprechpartner der Studenten, wenn es an die Abschlussarbeit geht, weil er einfach wahnsinnig viele Kontakte hat." Und wann, wenn nicht dann, braucht man seinen „Prof" am meisten. Auch bei der Firma Schwartz und anderen Unternehmen in Rollesbroich könnte man verweilen, um mehr über Johannes Gartzen zu erfahren. Doch weiter....

Am Rathausplatz in Simmerath residiert die Firma Imatec GmbH, eine Firmengründung von Professor Gartzen, die er dann seinem ehemaligen Studenten, Heinz Thoma, übertrug. Sicherlich ein besonders praxisorientiertes Beispiel für Wissenstransfer mit direkten Auswirkungen. Im nahegelegenen Rathaus spannte man viele Kontakte zu Prof. Gartzen, was angesichts der langen Bekanntschaft von Hubert Breuer zu seinem Kommilitonen nicht verwunderlich war. Sein Resümee: „Johnny ist ein Glücksfall für die Eifel!"

Von Simmerath geht es nach Imgenbroich. Kaum eine Firma im dortigen Gewerbegebiet, die keinen direkten Kontakt zu Johannes Gartzen hat. „Er ist ein echter Kommunikator zwischen Wissenschaft und Wirtschaft", unterstreicht Helmut Lanio für die Firmengruppe Weiss. Prof. Gartzen habe großes Interesse an hochtechnologisch entwickelten Betrieben wie Weiss Druck, Dürr-Ecoclean, Picard und Queins. Sein Ziel sei es immer gewesen, durch Betriebe Studenten und Jungingenieure zu vernetzen, Arbeitsplätze zu vermitteln und Existenzgründungen zu begleiten. Zu Recht habe er seinerzeit den Signal-Iduna-Preis auf Bundesebene zum Thema „Handwerk sucht Wissenschaft" verliehen bekommen." Wie Helmut Lanio denken viele im Imgenbroicher Gewerbegebiet. Viele profitieren von Prof. Gartzens praxisorientiertem wissenschaftlichem Handwerk.

Lob kommt auch aus dem Monschauer Rathaus, „die Verknüpfung zwischen Wissenschaft und den Betrieben ist einzigartig", so der ehemalige Bürgermeister Theo Steinröx. „Ständige Fortbildungen sind sein Markenzeichen. Durch diese Vermittlung stärkt dieses Wissen auch andere und nutzt der täglichen Praxis." Theo Steinröx lobt auch einen anderen Ansatz von Prof. Gartzen, die bevorzugte Beauftragung örtlicher Betriebe. Das schaffe lokale Netzwerke und Kreisläufe, die allen teilnehmenden Unternehmen zugutekommen, so Theo Steinröx. Seine Nachfolgerin, Bürgermeisterin Margareta Ritter schließt sich dem Lob ihres Vorgängers uneingeschränkt an: „Sein Ziel ist es immer, in konkreten Fällen Betriebe, Studenten und Jungingenieure zu vernetzen und dies möglichst konkret. Er ist Pate und Beschützer für den Austausch von

Studenten, für Arbeitsplätze für fertige Ingenieure der FH, für Projekte mit herausragenden Betrieben der Region und auch für begleitende Existenzgründungen. Er hat sich außerordentliche Verdienste im Rahmen seiner Lehr- und Forschungsarbeit insbesondere in der Vernetzung dieser Potenziale der Region erworben."

Es sind immer wieder diese Netzwerke, auf die alle Beteiligten zu sprechen kommen. Diese Netzwerke und das weit über den Aachener Raum greifende Betriebsverständnis ermöglichen viele positive und wirtschaftliche Entwicklungen, an denen Prof. Gartzen – auch in der Entwicklung der FH Aachen – Akzeptanz und großen Anteil hat. „Prof. Gartzen ist als Person und auch durch sein Wirken in vielen Funktionen, so auch als Vorsitzender des Aufsichtsrates der AGIT (Aachener Gesellschaft für Innovation und Technologietransfer), ein Gewinn für die gesamte Region", ist sich die Bürgermeisterin sicher.

Prof. Johannes Gartzens Wirken ist ohne die Fachhochschule Aachen nie vollständig. Der Weg führt also nach Aachen, wobei das HIMO-Innovationszentrum nicht unbesucht am Rande stehen bleiben kann. Viele Unternehmen, die in diesem Gründerzentrum entstanden sind, hat er bei der Gründung unterstützt und später begleitet. Bürgermeisterin Margareta Ritter weiß, „in den Jahren der HIMO Entwicklung hat Monschau über die WFG und AGIT verstärkt den Kontakt zur RWTH und FH Aachen gesucht." Direkt, konstruktiv und offen sei dieser Kontakt gewesen. „Für diese Kontaktbemühungen war Prof. Gartzen nicht nur ein hervorragender Fachmann, sondern ein Kommunikator zwischen Wissenschaft und Wirtschaft".

Vor dem HIMO läuft die B 258, die wichtigste Verbindungsachse zwischen der Nordeifel und Aachen. Vielleicht ist sie das beste Symbol für die Arbeit von Professor Gartzen. Er hat die Wirtschaft der Eifel mit der FH Aachen verknüpft und umgekehrt. Technisches Know-how beflügelte das Wachstum und die Zukunft der Unternehmen und die Wissenschaft rückte näher an die alltägliche Praxis. Prof. Gartzen studierte mit Hubert Breuer an der Ingenieurschule, baute mit Theo Steinröx das HIMO zum attraktiven Innovationszentrum aus und entsandte mit Matthias Pfeiffer und vielen anderen wahren Technologietransfer in die Eifel. Prof. Johannes Gartzen hat Spuren hinterlassen – nicht nur in der Universitätsstadt Aachen, sondern in der ganzen Region.

Er ist, so kann man heute feststellen, der Professor der Nordeifel. So hoffen wir, dass er uns noch oft mit seinem Porsche auf der B 258 überholen möge, denn dann wissen wir ihn auf dem richtigen Weg: zu uns in die Eifel.

Margareta Ritter	Hubert Breuer	Helmut Lanio	Theo Steinröx

Prof. Dr. rer. nat. Marcus Baumann
Rektor der Fachhochschule Aachen

„Innovationen in Wirtschaft und Gesellschaft sind Schlüsselfaktoren für Wachstum und Beschäftigung in Deutschland." Dieses Zitat aus einem Artikel zum Thema Innovationen des Bundesministeriums für Wirtschaft und Technologie beschreibt anschaulich das Leitmotiv im beruflichen Wirken von Prof. Dr. Johannes Gartzen an der FH Aachen. Zeit seines beruflichen Lebens hat Prof. Gartzen versucht, wissenschaftliche Erkenntnisse gewinnbringend für kleine und mittelständische Unternehmen nutzbar zu machen. Die Überzeugung, dass die Euregio durch die Arbeit der Hochschulen besonders gestärkt werden kann, spornte ihn immer wieder an bei seinem Bemühen, Wirtschaft und Hochschule zu einer innovativen Allianz zusammen zu schmieden. Ihm war schon früh klar, dass gerade die FH Aachen ein besonders tatkräftiger Partner des Mittelstandes ist, regional, euregional und international, eben wirklich erfolgreicher Technologie- und Wissenstransfer. Das war seine Maxime, als Lehrender, als Mentor und von 1988 bis 1991 auch als Prorektor für Forschung und Technologietransfer.

Für Prof. Gartzen galt es, die regionalen Unternehmen untereinander, vor allem aber mit der FH Aachen, zu vernetzen. Über zahlreiche, oft preisgekrönte, Projekte zwischen der FH und zahlreichen Unternehmen fanden und finden innovative Gedanken und Ideen ihren Weg von der Hochschule in die Anwendung. Zum Markterfolg dieser Firmen als Hochschullehrer beigetragen zu haben, war für Johannes Gartzen Lebenselixier. Für die Studierenden, die vor Ort mit Praxis- und Abschlussarbeiten eingebunden wurden, entstand häufig ein dauerhaftes und lukratives Arbeitsverhältnis. Während die Ergebnisse dieser Projekte den Unternehmen direkt zu Gute kommen, dienen sie andererseits in der Lehre an der Hochschule als Beispiele guter Entwicklungsarbeit. Als Krönung dieses Praxistransfers von der Industrie in die Lehre an seiner Hochschule rief Johannes Gartzen 1999 ein Unternehmensseminar zu den Themen Unternehmensfinanzierung, Unternehmensrecht und Management ins Leben, in welchem erfolgreiche Unternehmerinnen und Unternehmer, sogar Minister der Landesregierung, ihre praktischen Erfahrungen an die Studierenden weitergeben. 2002 mündeten dieser erfolgreiche Wissenstransfer und der Erfolg des Unternehmensseminars in die Gründung des Master-Studiengangs „Entrepreneurship".

Gründungen von Spin-Off Unternehmen, von Forschungsverbünden wie dem Forschungsverbund Lasertechnik, des Zentrums für Prototypenbau NRW sowie zahlreiche Preise und Auszeichnungen bezeugen die Erfolge der Arbeit von Herrn Gartzen auch weit über die Grenzen der FH Aachen hinaus.

Das Zusammenspiel zwischen Unternehmen und Hochschule wird Prof. Gartzen auch nach seiner aktiven Zeit an der FH Aachen weiter fördern. Im Rahmen seines Mandats als Aufsichtsratsvorsitzender der neu aufgestellten AGIT wird er sich weiterhin seinem Ziel widmen, dem erfolgreichen Technologie- und Innovationstransfer von den Hochschulen in die Industrie zur Stärkung des Mittelstandes der Region Aachen. Ich wünsche unserem Kollegen Gartzen im Namen der FH Aachen dafür viel Erfolg, verbunden mit dem herzlichen Dank für 30 Jahre erfolgreiche Tätigkeit an der FH Aachen als Professor für Füge- und Trenntechnik, Lasertechnologie.

Prof. Dr. rer.nat. Marcus Baumann

Bert Wirtz

Präsident der Industrie- und Handelskammer Aachen

Er ist ein herausragender Wissenschaftler und ein bedeutender Akteur der Wirtschafts- und Forschungsregion Aachen, der sich vor allem um die Verbindung der Fachhochschule Aachen zum Mittelstand verdient gemacht hat. So würde ich Professor Dr. Johannes Gartzen in einem Satz beschreiben, wenn ich allein in meiner Funktion als Präsident der Industrie- und Handelskammer Aachen über ihn sprechen würde. Für mich persönlich ist Johannes Gartzen in den vergangenen Jahren auch zu einem geschätzten Wegbegleiter und Freund geworden, der sich vor allem durch seine Kommunikationsstärke, sein zielorientiertes Denken und seine Nähe zu den mittelständischen Unternehmen auszeichnet.

Zum ersten Mal begegnet sind wir uns rein zufällig – auf der Theaterstraße, mit der großen Bühne im Blick. Seitdem ist viel passiert. Noch in diesem Sommer wird Johannes Gartzen eine seiner beruflichen Bühnen verlassen: die der Fachhochschule. Dort wird er als Professor des Fachbereichs Maschinenbau und Mechatronik emeritiert.

Doch es würde nicht dem Naturell eines Johannes Gartzen entsprechen, wenn er nicht längst schon die nächste „Bühne" betreten hätte, um sich für unsere Region zu engagieren. Pünktlich zum 30. Geburtstag der Aachener Gesellschaft für Innovation und Technologietransfer (AGIT) ist er zu deren neuem Aufsichtsratsvorsitzenden gewählt worden. Zeitgleich wurden die regionalen strukturpolitischen Instrumente neu definiert. Die „Regio Aachen“ ist in einen Zweckverband überführt worden, und die AGIT, die ihren Gesellschafterkreis um die FH Aachen erweitert hat, will sich wieder stärker auf ihre ureigenen Aufgaben – Technologietransfer und Investorenbetreuung – konzentrieren.

Es ist gut zu wissen, dass Johannes Gartzen diesen Prozess als Aushängeschild der AGIT mitsteuern und gestalten wird. Genauso wie der IHK ist es ihm ein zentrales Anliegen, den technologieorientierten Mittelstand in der Wirtschaftsregion Aachen weiter zu stärken. Er will sich dafür einsetzen, dass die AGIT noch enger mit den Hochschulen zusammenarbeitet und ein stärkerer Austausch zwischen den jungen Menschen und den Unternehmen der Region stattfindet. Johannes Gartzen geht es letztlich um eine „Renaissance der Industrie“. So hat er es einmal in seiner Kolumne in der „Aachener Zeitung“ und den „Aachener Nachrichten“ beschrieben, in der er die Herausforderungen der Wirtschaftsregion stets treffend auf den Punkt bringt, ohne dabei lehrmeisterhaft zu wirken. Johannes Gartzen fordert „smarte Konzepte, Fertigungsmethoden und Strategien“ für die Region, „im Einklang von ökonomischen und ökologischen Aspekten“. Ambitionierte Ziele, die sich nur dann erreichen lassen, wenn sich die regionalen Partner vernetzen.

Johannes Gartzen hat bewiesen, dass er andere von seinen Ideen begeistern und Innovationen vorantreiben kann. So hat er den Studiengang „Entrepreneurship“ der FH Aachen, das Centrum für Prototypenbau NRW GmbH in Erkelenz, die LBBZ-GmbH sowie weitere Spin-off-Unternehmungen der FH mit initiiert und den Forschungsverbund Lasertechnik gegründet. Neben seiner herausragenden Expertise ist Johannes Gartzen auch ein „Kind unserer Region“. Geboren und aufgewachsen in Eschweiler, studierte und promovierte er an der RWTH und ist der Kaiserstadt bis heute treu geblieben.

Die Industrie- und Handelskammer ist froh, dass Johannes Gartzen ein Repräsentant unserer Wirtschafts- und Wissenschaftsregion bleibt. Ich wünsche ihm im Aufsichtsrat der AGIT, auf seiner „neuen Bühne“, eine glückliche Hand und viel Erfolg.

Bert Wirtz

Dieter Philipp

Präsident der Handwerkskammer für die Region Aachen

Sehr geehrter Herr Professor Dr. Gartzen,

wenn ein Macher, den man wirklich so nennen darf, in den wohlverdienten Ruhestand geht, dann gibt es berechtigterweise viele gute Wünsche – aber auch Sorgen und Zweifel. Die Menschen, verantwortlichen Akteure in der Region, Institutionen und Unternehmen, die von der engen Zusammenarbeit und Verbundenheit mit ihm profitiert haben, fragen sich: Wer soll nun in seine Fußstapfen treten? Wer kann die gute Kooperation in seinem Sinne fortführen?

Kein Zweifel: Professor Dr. Johannes Gartzen ist ein Macher. Das Handwerk verdankt ihm und seinen Mitarbeitern sehr viel. Und deswegen hoffen wir auf eine erfolgreiche Fortführung der Zusammenarbeit unserer Wirtschaftsgruppe mit der Wissenschaft auf den Gebieten, die Sie so intensiv betreut haben. Und, ganz ehrlich, das darf ich so schreiben, hoffen wir auch ein bisschen darauf, dass der scheidende Professor sich hier und da noch einbringt und seine wichtigen und wertvollen Erfahrungen weitergibt.

Die Zusammenarbeit von Handwerk und Hochschulen ist für die Entwicklung unseres Wirtschaftszweigs von großer Bedeutung. Was die Wissenschaft erforscht, entdeckt und erklärt, hilft Betriebsinhabern und ihren Beschäftigten, schwierige Aufgaben zu lösen. Auf der anderen Seite erfahren die Forschenden im Austausch mit den Unternehmen, wo die Probleme in der Praxis liegen und erkennen neue Ansatzpunkte für ihre Arbeit an den Hochschulen.

Sie, Professor Dr. Gartzen, sind ein unermüdlicher Impulsgeber, der als Wissenschaftler und Unternehmer zahlreiche wertvolle Anstöße gegeben hat, um dem Handwerk durch die Anwendung moderner Technologien zukunftsweisende Chancen zu eröffnen. Dabei haben Sie es immer verstanden, Forschung und Entwicklung auf die speziellen Bedürfnisse der kleinen und mittleren Unternehmen auszurichten.

Mit großer Eigeninitiative sind Sie auf die Handwerksbetriebe zugegangen und haben sich auch gerne von ihnen „finden" lassen. Mehrfach geschah dies beim Wettbewerb „Meister sucht Professor". So lautet der Leitgedanke des Adalbert-Seifriz-Preises, mit dem Musterbeispiele für Technologietransfer ausgezeichnet werden. Vier Mal, 1995, 1998, 2004 und 2012 haben Sie gemeinsam mit innovativen Betrieben aus der Region diese Auszeichnung erhalten. Das verdient Respekt, Dank und Anerkennung, die die

Handwerkskammer Aachen durch die seltene Verleihung des Ehrenzeichens an Sie im November 2009 zum Ausdruck gebracht hat. Die mit dem Seifriz-Preis geehrten Unternehmen haben von der Prämierung extrem profitiert und mit ihren Entwicklungen große Erfolge erzielt.

Für Ihr Engagement als Motor des Mittelstands danke ich Ihnen stellvertretend für das gesamte Handwerk im Kammerbezirk Aachen sehr herzlich. Ihnen persönlich wünsche ich einen erfüllenden Ruhestand oder manchmal auch Unruhestand, in dem Sie die Zeit hoffentlich so nutzen können, wie Sie es gerne möchten. Darüber hinaus Gesundheit und Glück.

Sicherlich freuen sich viele Menschen in der Region, wenn sie Sie bei einer Gelegenheit wiedertreffen dürfen.

Mit den besten Wünschen,

Dieter Philipp

1 Einleitung

Dr.-Ing. Thomas Gartzen

Geschäftsführer
Demonstrationsfabrik Aachen GmbH

Oberingenieur
Lehrstuhl für Produktionssystematik,
Werkzeugmaschinenlabor (WZL) der RWTH Aachen

Dipl.-Kff. Ute Gartzen, MS

Wissenschaftliche Mitarbeiterin
Lehrstuhl für Produktionssystematik,
Werkzeugmaschinenlabor (WZL) der RWTH Aachen

Regionalentwicklung,
StädteRegion Aachen

Gemäß dem österreichischen Nationalökonom Joseph Alois Schumpeter bedarf es innovativen Drangs, um durch Rekombination von Ressourcen und Fähigkeiten Neues zu schaffen und so Markt- und Wertschöpfungspotenziale zu erschließen.[1] Unternehmen existieren nicht aus Selbstzweck, sondern um ihren Anspruchsgruppen Nutzen zu stiften. Bezugnehmend auf Schumpeter innovieren Unternehmen, um den eigenen Fortbestand zu sichern. Der Zweck eines Unternehmens lässt sich im Hinblick auf die gesellschaftliche und unternehmerische Mehrleistung betrachten. Bei der Gründung einer Unternehmung steht das Wohl der Gesellschaft als Ganzes im Vordergrund. Die Gesellschaft bildet somit die Grundlage, auf der sowohl Einzelne als auch Unternehmen sich entwickeln können. Einerseits dient eine Unternehmung dazu, Inputfaktoren in Produkte und Dienstleistungen zu transformieren, die den Kunden einen Mehrwert verschaffen. Andererseits ermöglicht die Beschäftigungsnachfrage einer Unternehmung den Mitarbeitern eine Existenzgrundlage und ist somit für den regionalen Wohlstand einer Region mitverantwortlich.

Aufgrund der zunehmenden Komplexität der umgebenden Umwelt gehen Produkt- und Prozessinnovationen in der Regel systematische Forschungs- und Entwicklungs-

1 Vgl. Schumpeter, J.: Theorie der wirtschaftlichen Entwicklung, 1911; unv. Nachdruck der 1934 erschienen vierten Auflage; Berlin 1964.

anstrengungen voraus. Den Output des Forschungs- und Entwicklungsprozesses repräsentiert die Innovation, die entweder in Form einer Technologie oder eines Produkts vermarktbar ist.

Dem Titel dieser Schrift folgend befasst sich der vorliegende Beitrag mit dem Zusammenspiel zwischen Forschung und Entwicklung, Innovation, Aus- und Weiterbildung sowie Wachstum. In der intensiven Kooperation von Wissenschaft und Industrie in den genannten Bereichen liegt eine der großen Stärken des Standorts Deutschlands und insbesondere der Region Aachen.[2] Der unten aufgezeigte Innovationskreislauf dient als Strukturierungshilfe für die nachfolgenden Kapitel des Buches, indem er es ermöglicht, die jeweiligen Beiträge der Kapitel in einen Gesamtzusammenhang zu bringen.

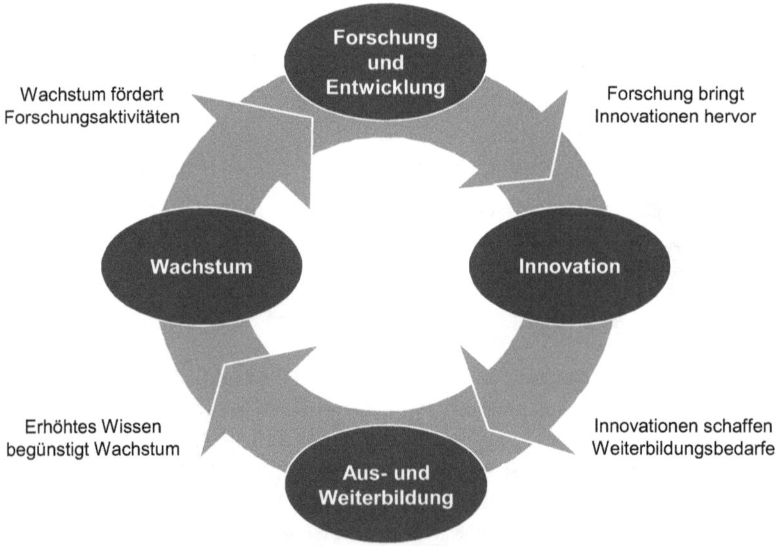

Bild 1-1: Der Innovationskreislauf

Aus Bild 1-1 geht hervor, dass die genannten Felder, die die Kapitel dieser Schrift definieren, in einem sich selbst verstärkenden Zusammenhang stehen. Wer aufmerksam das Geschehen in der Region Aachen verfolgt, dem wird nicht entgehen, dass insbesondere die Aachener Hochschulen eine sehr enge Zusammenarbeit mit der Wirtschaft betreiben und gleichzeitig auch Treiber erfolgreicher Unternehmensgründungen sind.

---

2 Vgl. Reinhart, G. (2008): Kooperation von Wissenschaft, Forschung und Industrie. In: Eversheim, W.; Weck, M.; Pfeifer, T.; Klocke, F.; Brecher, C.; Schmitt, R. (Hrsg.): Der RWTH Aachen Campus. Investition in die Zukunft, S. 21-27. Apprimus, Aachen.

Im Bereich der *Forschung und Entwicklung* präsentieren sich die Hochschulen als vielseitiger Partner, sowohl in der Auftrags- als auch in der Verbundforschung. Von der einfachen forschungsnahen Dienstleistung, z.B. in der Form von Gutachtertätigkeiten oder der Nutzung von Infrastruktur, bis hin zur mehrjährigen gemeinsamen Forschung – die Hochschulen bilden das gesamte Spektrum ab. Somit können Hochschulen als systematischer Partner in die Forschung und Entwicklung einbezogen werden. Insbesondere für kleine und mittelständische Unternehmen (kmU) kann dies eine attraktive Form der Kooperation darstellen, fehlen diesen Unternehmen doch oftmals die Ressourcen, um sich dezidiert Forschungs- und Entwicklungsvorhaben zu widmen. Um dennoch erfolgreich Forschungs- und Entwicklungsvorhaben realisieren zu können, können Unternehmen der Region den Standortvorteil dahingehend nutzen, sich mit den ansässigen Hochschulen zu vernetzen und gemeinsam zu forschen. Neben hervorragenden Wissenschaftlern können die Hochschulen mit einzigartiger Infrastruktur, etwa Prüfständen und Testumgebungen, aufwarten, die kmU selten eigenständig zu vertretbaren Bereitschafts- und Investitionskosten vorhalten können.

Das Ergebnis erfolgreicher Forschungs- und Entwicklungsanstrengungen sind einerseits *Innovationen*, über die sich neue Geschäftsfelder oder gar ganze Märkte erschließen lassen. Andererseits kann die *Innovation* aber auch eine Neuerung für das betreffende Unternehmen darstellen, etwa in Form einer neuen Technologie oder Ablauforganisation. Sowohl Produkt- als auch Prozessinnovationen sind essentiell für den Fortbestand von Unternehmen, denn neben interessanten, innovativen Produkten ist auch eine unternehmensinterne, effiziente Betriebsorganisation relevant für ein erfolgreiches Bestehen im Wettbewerb.

Aus den zuvor beschriebenen Innovationen ergeben sich unternehmensseitig *Aus- und Weiterbildungsbedarfe.* Es bedarf Experten, die neue Produkte und Technologien verstehen und anwenden können – dies gilt insbesondere für die Interaktion mit dem Endabnehmer. Nur wer sein Produkt bzw. seine Technologie gedanklich durchdrungen hat, kann als kompetenter Anbieter auftreten. Die Aachener Hochschulen sind international für eine fundierte Ausbildung auf dem Stand der Wissenschaft bekannt. Dies trifft insbesondere auf die Ingenieursdisziplinen zu. Auf Unternehmen ausgerichtete Aus- und Weiterbildungsangebote transferieren aktuellste Ergebnisse und Erkenntnisse in die Wirtschaft. So können Unternehmen beispielsweise an Konferenzen oder Fachseminaren teilnehmen, punktuell Weiterbildungen buchen oder individuellem Schulungsbedarf gemeinsam mit den Hochschulen nachkommen. Die Formate reichen von individualisierten In-House-Schulungen bis zu berufsbegleitenden Masterprogrammen, z.B. MBA-Programme oder der bislang einzigartige „Master Werkzeugbau“, mit dem die RWTH Aachen in Kooperation mit der Aachener Werkzeugbau Akademie GmbH ein Angebot für Fachkräfte geschaffen hat. Doch auch indirekt können Unternehmen aus Aus- und Weiterbildungsbedarfen Vorteile in den zuvor beschriebenen Feldern erlangen. Die Aus- und Weiterbildungsbedarfe liegen in dem Falle auf Seiten der Hochschulen, die die Studierenden für die Praxis und zukünftige Aufgaben – eben auch in der Wirtschaft – ausbilden. Eine Vernetzung kann in diesem

Falle über die unternehmensseitige Ausschreibung und Bearbeitung von Studien- und Abschlussarbeiten erfolgen. Durch die Bearbeitung einer aus der Praxis resultierenden Problemstellung erlangen Studierende zunächst einen hohen Praxisbezug. Doch auch die Unternehmen profitieren durch die sorgfältige Bearbeitung der Aufgabenstellung, da im Tagesgeschäft oftmals die Ressourcen fehlen, um sich mit gegebener Aufgabe intensiv auseinanderzusetzen. Positiver Nebeneffekt ist, dass sich beide Seiten – Abschlussarbeiter und Unternehmer – frühzeitig kennenlernen, um Optionen für ein zukünftiges Arbeitsverhältnis auszuloten.

Wie eingangs erwähnt verfolgen Unternehmen keinen Selbstzweck, sondern erfüllen sowohl einen gesellschaftlichen wie auch einen unternehmerischen Auftrag. Über *Wachstum* von Unternehmen werden beide Ziele adressiert. Nur wenn Unternehmen sich im Wettbewerb erfolgreich diversifizieren und über den Aufbau strategischer Erfolgspositionen Marktpositionen besetzen, wird der Unternehmensfortbestand gewährleistet.[3] Die Folge sind gesicherte Beschäftigung und die Erwirtschaftung von Überschüssen. Diese Überschüsse können einerseits an die Shareholder, etwa Gesellschafter oder Arbeitnehmer, ausgeschüttet werden. Andererseits können finanzielle Überschüsse aber auch wieder in das Unternehmen reinvestiert werden, um so weitere F&E-Aktivitäten zu initiieren. Doch um wachsen zu können, bedarf es auch geeigneter Strukturen. Organisatorische Missstände führen zu Kosten im operativen Geschäft, die den Unternehmen erfolgreiches Wachstum verwehren. Mittelständische Unternehmen verfügen häufig über historisch gewachsene Strukturen, die eng mit Personen verknüpft sind. Durch die Einbindung der Schlüsselpersonen in das operative Geschäft lähmen sich die Betriebe mitunter selber; insbesondere in guten Auftragslagen kommt es zu Verzettelungen, so dass „gesundes Wachstum" nicht möglich ist. Damit mittelständische Betriebe wachsen können, bedarf es entsprechender wachstumsfreundlicher Organisationsstrukturen in den Unternehmen. Auch in diesem Kontext erweist sich die Kooperation mit den Hochschulen, insbesondere den anwendungs- und umsetzungsorientiert arbeitenden Instituten, als zielführend.

An dieser Stelle schließt sich der in Bild 1-1 beschriebene Kreislauf und kann als „perpetuum mobile" (lat., sich ständig Bewegendes) verstanden werden. Das Charakteristikum eines solchen Systems liegt darin, dass es, sobald es einmal in Bewegung versetzt wurde, sich aus sich selbst heraus in Bewegung hält, ohne dass von außen Energie zugeführt werden muss.

Doch wäre das Ingangsetzen des „perpetuum mobile" so einfach, so würde es keiner gesonderten Würdigung bedürfen. Im Kontext des Mittelstands gibt es zahlreiche Herausforderungen zu berücksichtigen, die für eine erfolgreiche Kooperation zwischen Hochschulen und Unternehmen relevant sind. Aufgrund der Abwesenheit eigener

---

[3] Schuh, G.; Kampker, A.; Boos, W.; Gartzen, U. (2011): Grundlagen des Managements produzierender Unternehmen. In: Schuh, G.; Kampker, A. (Hrsg.): Strategie und Management produzierender Unternehmen – Handbuch Produktion und Management 2. Auflage. Heidelberg: Springer Verlag, 2011, S. 1 – 61.

F&E-Ressourcen bis hin zu nicht vorhandenen F&E-Personal und -Abteilungen sind Mittelständler dazu angehalten, anwendungsorientiert zu forschen. Somit ist nahezu kein Raum für Grundlagenforschung. Forschungs- und Entwicklungsaktivitäten stehen somit unter dem Druck, zeitnah zu vermarktbaren Ergebnissen zu führen. Es ist Herausforderung der Hochschulen, auf diese Anforderungen situativ einzugehen. Bevor sich jedoch eine Kooperation erfolgreich entwickeln kann, ist die Kontaktanbahnung eine entscheidende Phase des Kooperationsprozesses. Gerade im mittelständischen Segment haben Unternehmen Hemmschwellen bzgl. der Kontaktaufnahme mit Hochschulen, insbesondere wenn es keinen persönlichen Bezug zur Hochschule selbst gibt. Dieser Barriere kann nur durch persönliche Kontakte entgegengewirkt werden. Zum einen durch die hochschulseitige Ansprache durch die zuständigen Technologietransfer-Institutionen, zum anderen aber durch die Etablierung direkter, bilateraler Kontakte zwischen zuständigen Forschern und Entscheidern auf der Unternehmensseite.

Die Eigenschaft des „perpetuum mobile“ aufgreifend kann herausgestellt werden, dass der Netzwerker Johannes Gartzen es verstanden hat, die perpetua mobilia der Region in Bewegung zu setzen, sowohl auf Hochschul- als auch insbesondere auf der Unternehmensseite. Die nachfolgenden Beiträge sind exemplarische Belege für die Impulsgebung in den jeweiligen Feldern und damit des Ingangesetzens des beschriebenen Kreislaufs.

2 Forschung und Entwicklung

Die anschließenden Beiträge adressieren das Themenfeld Forschung- und Entwicklung. Sie zeigen exemplarisch das Potenzial von praxisnaher Forschung insbesondere für mittelständische Unternehmen auf. Das inhaltliche Spektrum reicht dabei von umfassenden Kooperationsmodellen im F&E-Bereich (RWTH Aachen Campus, Disruptive Network Approach) über innovative Technologien (Digital Photonic Production, Laser- und Elektronenstrahlschweißen, 3D-Drucktechnologie) bis hin zu aktuellen Entwicklungen in der Mobilität (maritime Elektromobilität, Fügetechnologien).

2.1 RWTH Aachen Campus – Chancen für den regionalen Mittelstand

Prof. Dr.-Ing. Dipl.-Wirt.Ing. Günther Schuh

Direktor des Werkzeugmaschinenlabors (WZL) der RWTH Aachen und des Fraunhofer-Instituts für Produktionstechnologie (IPT)

Innovationen – Treiber der Wettbewerbsfähigkeit des regionalen Mittelstands

Kleine und mittelständische Unternehmen machen 99,5% aller insgesamt in Deutschland registrierten Unternehmen aus.[1] Auf diese Unternehmen entfielen im Jahr 2010 35,9% aller steuerbaren Umsätze durch Lieferungen und Leistungen sowie 54,7% aller sozialversicherungspflichtig Beschäftigten.[2] Der Mittelstand bildete darüber hinaus einen der Stützpfeiler, die Deutschland im Vergleich zu vielen anderen europäischen Staaten, wie beispielsweise Frankreich, so gut durch die Krise der vergangenen Jahre getragen haben. Kleine und mittelständische Unternehmen waren von der Wirtschaftskrise im Jahr 2009 zwar stark betroffen, wirkten jedoch stabilisierend auf die Konjunktur in Deutschland. Die Krise traf die mehr auf den inländischen Markt ausgerichteten mittelständischen Unternehmen weniger stark als die auf den Weltmarkt ausgerichteten Großunternehmen.[3] Damit wirkten die kmU auch stabilisierend auf die Entwicklung der Beschäftigung in Deutschland.[4]

[1] Vgl. Institut für Mittelstandsforschung Bonn, Angaben nach der kmU-Definition der EU-Kommission
[2] Vgl. Institut für Mittelstandsforschung Bonn, Angaben nach der kmU-Definition der EU-Kommission
[3] Vgl. Mittelstandsmonitor 2010, http://www.bitkom.org/de/themen/54641_63137.aspx
[4] Vgl. Belitz, H., Eickelpasch, A., Lejpras, A., unter Mitarbeit von Barasinska, N., Toepel, K. (2012), Volkswirtschaftliche Bedeutung der Technologie- und Innovationsförderung im Mittelstand: Endbericht; Forschungsprojekt im Auftrag des Bundesministeriums für Wirtschaft und Technologie. DIW Berlin: Politikberatung kompakt Nr. 67, Berlin.

Auch in der Region Aachen leistet der Mittelstand einen sehr großen Beitrag zur wirtschaftlichen Leistung. Die führenden Wirtschaftszweige im Kammerbezirk Aachen (StädteRegion Aachen, Kreise Düren, Euskirchen und Heinsberg) sind das Kredit- und Versicherungsgewerbe, Gastgewerbe, Dienstleistungen für Unternehmen sowie sonstige Dienstleistungen. Einen großen Anteil machen außerdem noch die Bereiche Handel, Verkehr, Nachrichtenübermittlung und die Bereiche verarbeitendes Gewerbe und Baugewerbe aus, wobei die StädteRegion Aachen jeweils das wirtschaftliche Zentrum innerhalb des Kammerbezirks bildet.[5]

Die Region Aachen ist jedoch nicht immun gegen die Schuldenkrise und wird ebenfalls mit konjunkturell bedingten Einschnitten konfrontiert. Auch die viel zitierte zentrale europäische Lage der Aachener Region führt nicht zwingend dazu, dass sich Aachen zu einem produktionstechnisch attraktiven Standort entwickelt. Insbesondere die große Entfernung zu internationalen Verkehrsflughäfen, die fehlende direkte Anbindung an Hauptverkehrsachsen sowie der Hauptbahnhof, der keinen Knotenpunkt des Schienennetzes darstellt, sind eher hinderlich denn fördernd für Aachener Unternehmen. Die steigenden Löhne am Hochlohnstandort Deutschland führen ebenfalls dazu, dass Aachen an Wettbewerbskraft im überregionalen Vergleich einbüßt. Die genannten Aspekte erfordern es, dass sich die Region durch die Fokussierung auf Kernfelder international sichtbarer positioniert, um im Wettbewerb mit anderen Regionen wahrgenommen zu werden. Aachen als eine der ältesten Industrieregionen Europas hat sich daher in den letzten Jahrzehnten zu einem Zentrum anwendungsorientierter Forschung entwickelt und ist heute ein bedeutender Standort für Hightech-Unternehmen und Forschungsabteilungen großer Konzerne. Als Beispiele können hier die Niederlassungen der Ericsson Eurolab Deutschland GmbH in Aachen sowie das Ford Forschungszentrum in Aachen dienen. Darüber hinaus wird die Region Aachen durch die Hochschulen (RWTH Aachen und FH Aachen) sowie das JARA oder das Forschungszentrum Jülich auch über die Grenzen Deutschlands hinweg repräsentiert. Nicht zuletzt bildet der RWTH Aachen Campus, auf den im Laufe dieses Beitrags noch näher eingegangen wird, als Schnittstelle zwischen Industrie und Wirtschaft eines der größten Bauvorhaben in der Region Aachen und sorgt in den kommenden Jahren für bis zu 10.000 neue Arbeitsplätze.

Produktion in Hochlohnländern hat nur in Zusammenhang mit F&E und den damit erzielbaren Innovationen eine Existenzberechtigung. Aufgrund der zuvor beschriebenen Herausforderungen für die Region Aachen muss einer der verbleibenden Standortvorteile in der Produktions- und Technologiekompetenz liegen. Hochlohnstandorte können nur durch Qualitäts- und Zeitvorsprünge, die durch Produkt- und/oder Prozessinnovationen begründet sein können, gegenüber Konkurrenten aus Niedriglohnländern punkten. Innovationen bilden somit das wichtigste Alleinstellungsmerkmal von Unternehmen an Hochlohnstandorten. Von den deutschlandweit etwa 260.000 Unterneh-

---

[5] Vgl. IHK Aachen, http://www.aachen.ihk.de/linkableblob/1377444/.13./data/sozialversicherungspflichtige_beschaeftigte-data.pdf, abgerufen am 15.04.2013

men mit 5 bis 249 Beschäftigten betrieben im Jahr 2010 29.800 kontinuierlich Forschung und Entwicklung. Hinzu kommen etwa 27.000 kmU, die nur gelegentlich forschen.[6] Auch die Region Aachen profitiert von erfolgreichen, innovativen Unternehmen. In den letzten 20 Jahren wurden allein durch die ca. 60 Gründungen pro Jahr, die ihren Ursprung in der RWTH Aachen haben, ca. 30.000 Arbeitsplätze in der Region Aachen geschaffen.[7] Die Anzahl der Gründungen beschreibt den deutschen Mittelstand jedoch nur unzureichend. Der deutsche Mittelstand zeichnet sich oftmals durch Unternehmen mit großer Tradition aus. Als Beispiel kann an dieser Stelle die Papierindustrie der Region Düren genannt werden, die sich in der Ausrichtung immer wieder erneuert hat und dadurch den Strukturwandel der Region gestaltet und erfolgreich gemeistert hat. Auch viele regionale Technologieführer haben eine lange Tradition, die nicht zuletzt auf Innovationen zurückzuführen ist.

Doch wie können insbesondere Mittelständler diese für das wirtschaftliche Überleben des Unternehmens wichtigen Innovationen umsetzen? Gerade begrenzte Innovationsressourcen sowie der schwierigere Zugang zu Krediten bei mittelständischen Unternehmen erschweren es, neben dem Tagesgeschäft Freiräume für wirkliche Innovationen zu schaffen. Bei Betrieben mit durchschnittlich 150 Mitarbeitern, wie es beispielsweise im Maschinen- und Anlagenbau der Fall ist, muss das Innovationsmanagement daher deutlich stärker auf effizienten Ressourcen- und Mitteleinsatz ausgelegt sein, als dies bei den deutlich größeren Unternehmen, z. B. der Automobil- oder Automobilzulieferindustrie, erforderlich ist. Zum Teil verfügen diese Unternehmen über keinen spezifischen F&E-Prozess bzw. keine F&E-Abteilungen, weshalb Innovationen oft durch die Ingenieurskunst von einigen wenigen Mitarbeitern getrieben werden oder der notwendige Umfang an F&E-Ressourcen nur in Kooperationen realisiert werden kann. Nachfolgend wird daher beschrieben, wie auch kleine und mittelständische Unternehmen ohne übermäßig hohen Ressourceneinsatz durch Vernetzung mit Hochschulen systematisch ihre eigene F&E unterstützen können.

Vernetzung zwischen Hochschule und Unternehmen zur Steigerung der Innovationsproduktivität

Ein Ansatz zur ressourcengerechten Gestaltung des Innovationsmanagements in kleinen und mittelständischen Unternehmen besteht in der Vernetzung mit Kompetenzzentren, wie sie beispielsweise Universitäten bilden. Die Region Aachen verfügt mit der RWTH Aachen und der FH Aachen über zwei anerkannte Innovationstreiber, insbesondere im ingenieurswissenschaftlichen Bereich. Um die in der Region Aachen geschaffenen Innovationen auch langfristig in der Region zu halten, ist es daher für die Region und die Unternehmen notwendig, hochschul- und unternehmensseitige Wissensträger an die Region Aachen zu binden bzw. Kooperationen zwischen Unternehmen und Forschungseinrichtungen zu forcieren.

---

[6] Vgl. Rammer, C. et al. (2012), Innovationsverhalten der deutschen Wirtschaft, Indikatorenbericht zur Innovationserhebung 2011, München.
[7] Vgl. Broschüre RWTH Aachen Campus, S. 13

Aus der Kooperation zwischen Hochschule und Unternehmen können für beide Seiten nachhaltige Vorteile erwachsen.[8] Aus Hochschulsicht sehr bedeutend ist ein beschleunigter Technologie- und Wissenstransfer sowie die entsprechende Rückkopplung der praktischen Anwendung in die Forschungsarbeit. Des Weiteren kann auch die Profilbildung als anwendungsorientierte Hochschule durch langfristige angelegte Kooperationen gestärkt werden. Am bedeutendsten jedoch ist die Sicherstellung der Relevanz der Forschung, indem regelmäßig geprüft werden kann, was die wirklichen Bedarfe der Unternehmen sind.

Aus der Sicht kleiner und mittelständischer Unternehmen spielt insbesondere der Zugang zum aktuellen Stand der Forschung sowie zu öffentlichen Forschungsprogrammen eine Rolle. Spezielle F&E-Programme für kmU werden in Deutschland insbesondere vom BMWi, aber auch vom BMBF, den Bundesländern oder der EU betrieben. Durch eine Kooperation mit einer Hochschule kann sowohl das Risiko von Neuentwicklungen minimiert als auch der Innovationsprozess durch den Zugang zu den zumeist großen Ressourcen von Hochschulen beschleunigt werden. Nicht zuletzt führt Kooperation auch zum Ausgleich des in Deutschland notorisch beklagten Mangels an qualifiziertem Nachwuchs, indem seitens des Unternehmens frühzeitig ein Netzwerk zu sehr gut ausgebildeten Akademikern gebildet wird. Insbesondere kmU nennen als Hauptfhemmnis zur Umsetzung von Entwicklungen in wirtschaftliche Ergebnisse den Mangel an qualifiziertem Fachpersonal.[9] Im Unternehmensalltag spielt sicherlich ebenfalls eine große Rolle, dass Unternehmen im operativen Geschäft unterstützt werden, indem sie über die F&E hinaus durch den Austausch mit anderen Unternehmen und Hochschulinstituten auch ihre eigenen Prozesse verbessern können.

Die Vernetzung zwischen Unternehmen und Hochschulen kann auf vielfältige Art und Weise erfolgen. Bei allen Vorhaben sollte der Fokus darauf liegen, sogenannte Nahbereichssynergien aufzubauen. In Aachen würden sich beispielsweise die Kompetenzen der Hochschulen in den Bereichen der Produktionstechnik, der optischen Technologien sowie der Energietechnik anbieten. Um Kooperationen zwischen Unternehmen und der RWTH Aachen systematisch zu ermöglichen, werden die individuellen Anforderungen von Unternehmen an Kooperationen mit der Wissenschaft in einem Kooperationsmodell gebündelt. In Bild 2-1 sind die möglichen Kooperationsmodule im Kooperationsfeld „Forschung und Entwicklung" in Abhängigkeit von der Bindungsintensität der Industriepartner dargestellt. Im Bereich der Forschung und Entwicklung reichen die Kooperationsmöglichkeiten von klassischen Dienstleistungen wie Messungen oder Benchmarkings über F&E-Aufträge und öffentlich geförderte Projekte bis hin zu einer Verbundforschung oder Stiftungsprofessuren. Ein Ziel des Modells ist es, den Nutzen für Industriepartner durch eine übergreifende Zusammenarbeit in verschiedenen, sich ergänzenden Kooperationsfeldern zu erhöhen. Ein weiteres Ziel des Modells besteht

---

[8] Vgl. Schuh, G. et al. (2011), Forschung und Politik – Gegensätze oder wechselseitige Notwendigkeit?, S. 49.

[9] Vgl. Belitz, H., Eickelpasch, A., Lejpras, A. (2012), Innovationspolitik für den Mittelstand hat sich bewährt, DIW Wochenbericht, Nr. 49.

darin, Transparenz über die verschiedenen Formen der Kooperation zu schaffen, da viele Mittelständler noch „Hemmschwellen" zu überwinden haben und Unkenntnis darüber herrscht, in welchen Fällen es sich lohnt, mit der RWTH zu kooperieren. Für diese Fälle bieten sich insbesondere kleine „Kennenlern"-Projekte an wie etwa die entgeltliche Nutzung von Infrastruktur, die Betreuung von Abschlussarbeiten oder gemeinsame Verbundprojekte.

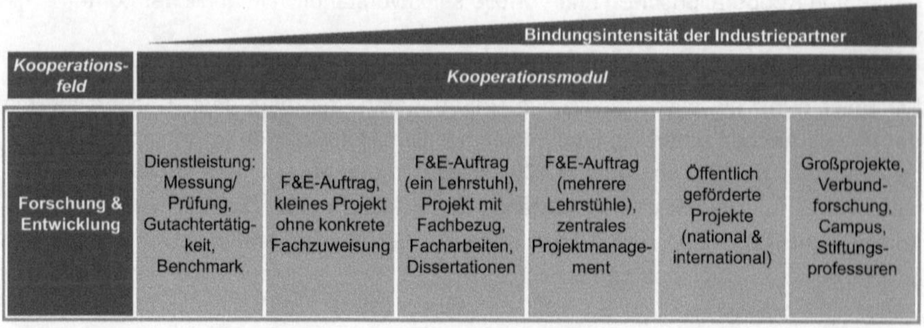

Bild 2-1: Auszug aus dem Kooperationsmodell der RWTH Aachen[10]

Unternehmen, die eine sehr hohe Bindungsintensität mit der RWTH Aachen anstreben (vgl. Bild 2-1), können dies durch eine Immatrikulation auf dem RWTH Aachen Campus erreichen. Der RWTH Aachen Campus bildet ein einzigartiges Leistungsangebot zur Kooperation in Forschungsclustern auf dem Campus, in denen die RWTH den beteiligten Partnern bedarfsgerecht Ressourcen zur Verfügung stellt. Die beteiligten Unternehmen können sich mit eigenen Forschungskapazitäten und -einrichtungen direkt auf dem Campus immatrikulieren und ansiedeln, um von der räumlichen Nähe zu Wissensträgern der RWTH und der Möglichkeit des ständigen Austausches zu profitieren. Damit stellt der RWTH Aachen Campus die stärkste Form der Integration zwischen Forschung und Industrie dar und verringert durch die seitens der RWTH vorgehaltenen Ressourcen effektiv die Lücke zwischen Mittelstand und Großunternehmen. Der Erfolg eines Clusters wird durch die Qualität und Quantität der beteiligten Partner und die gemeinsamen Forschungsaktivitäten begründet. Um die Sichtbarkeit eines Clusters in der Öffentlichkeit zu gewährleisten, muss zunächst durch verschiedene Leuchtturmprojekte eine kritische Masse erreicht werden, die dann langfristig selbst zum Erhalt des Clusters beiträgt. Beispielhaft sei an dieser Stelle das Cluster Logistik aufgeführt. Die Kooperation in diesem Cluster erfolgt durch die Bereitstellung von Arbeitsflächen und Forschungsinfrastruktur sowie durch die Ansiedlung von Partnern aus verschiedenen Stufen der logistischen Wertschöpfungskette. Diese Partner bearbeiten gemeinsam Projekte, identifizieren zukünftige Herausforderungen und erarbeiten Lösungen. Die Vorteile für die beteiligten Unternehmen sind weitreichend: vom Zugang zu interdisziplinären und branchenübergreifenden Netz-

---

[10] In Anlehnung an RWTH Aachen University. Partner für Industrie und Wirtschaft. Exzellenz nutzen. Mehrwert schaffen, S. 6f.

werken über ein geeignetes Experimentier- und Demonstrationsumfeld bis hin zu einem Imagegewinn durch Sichtbarkeit als „Offizieller Partner des RWTH Aachen Campus“. Interessierte Unternehmen und Verbände können bereits heute kooperieren und sich ab 2013 im Cluster ansiedeln. Für die anderen in der ersten Phase geplanten Cluster (Integrative Produktionstechnik; Schwerlastantriebstechnik; Optische Technologien; Bio-Medizintechnik; Umweltfreundliche, nachhaltige Energietechnik) gelten die genannten Kooperationsarten und Vorteile selbstverständlich in ähnlicher Form.

Spedition Hammer – Forschung im mittelständischen Logistikunternehmen

Ein Beispiel für ein mittelständisches Unternehmen, das eine enge Kooperation mit der RWTH Aachen unterhält, ist die Hammer GmbH & Co. KG, eine international tätige Spedition mit Sitz in Aachen. Dieses Unternehmen hat erkannt, dass Wettbewerbsvorteile nur durch die fortwährende Entwicklung neuer, praxisgerechter und zukunftsfähiger Lösungen und Kompetenzen erzielt werden können. Daher engagiert sich Hammer in gemeinsamen Forschungsprojekten, wie beispielsweise dem interdisziplinären Forschungs- und Entwicklungsprojekt CAMPUSLOGIN. Ziel des Projektes ist die Initiierung und Stabilisierung eines Netzwerkes der kleinen und mittelständischen Unternehmen der Logistikwirtschaft in der Region Aachen, in dem sie Synergien und Potenziale der Forschungs- und Entwicklungsarbeiten im Logistik-Cluster des Campus der RWTH Aachen nutzen können und so die komplexen Zusammenhänge der Logistik in realen Produktions- und IT-Umgebungen erfahren. Dieses Beispiel zeigt, dass insbesondere auch kleine und mittelständische Unternehmen von gemeinsamen Forschungsprojekten mit Hochschulen profitieren können.

Fazit und Ausblick

Die Produktions- und Technologiekompetenz und die damit einhergehenden Innovationen bilden einen wichtigen Standortvorteil der Region Aachen. Insbesondere kleine und mittelständische Unternehmen stehen jedoch vor der Herausforderung, mit begrenzten Ressourcen Forschung und Entwicklung zu betreiben und Innovationen an den Markt zu bringen. Begrenzte F&E-Ressourcen oder fehlende systematische F&E-Prozesse erschweren die Entwicklung der notwendigen Innovation. Kooperationen mit Forschungseinrichtungen können dabei helfen, das Risiko zu verringern und das Problem der Ressourcenknappheit zu bewältigen. Dabei stehen verschiedene Möglichkeiten mit unterschiedlicher Bindungsintensität offen, um eine Kooperation mit einer Forschungseinrichtung einzugehen. Auch auf Seiten der Forschungseinrichtungen ergeben sich große Potenziale in der anwendungsorientierten Forschung durch die unmittelbare Validierung der Forschungsergebnisse in der Industrie. Der RWTH Aachen Campus bildet die höchste Form der Integration zwischen Universität und Unternehmen und steigert durch die Etablierung von Forschungsclustern die Wettbewerbsfähigkeit des regionalen Mittelstandes in der Region Aachen. Der Vorteil des Campus ergibt sich in der tagtäglichen Zusammenarbeit und der Tatsache, dass sowohl grundlagenorientiert als auch anwendungsorientiert geforscht wird. Dabei wird das Ziel verfolgt, einerseits neue Geschäftsfelder aufzubauen oder Risiken in Verbundforschungsprojekten zu teilen, anderseits aber auch praxisnahe Forschungsergebnisse zu erhalten.

Literaturverzeichnis

Belitz, H., Eickelpasch, A., Lejpras, A., unter Mitarbeit von **Barasinska, N., Toepel, K.** (2012), Volkswirtschaftliche Bedeutung der Technologie- und Innovationsförderung im Mittelstand: Endbericht; Forschungsprojekt im Auftrag des Bundesministeriums für Wirtschaft und Technologie. DIW Berlin: Politikberatung kompakt Nr. 67, Berlin.

Belitz, H., Eickelpasch, A., Lejpras, A. (2012), Innovationspolitik für den Mittelstand hat sich bewährt, DIW Wochenbericht, Nr. 49.

RWTH Aachen Campus, Broschüre, S. 13.

Industrie- und Handelskammer (2012), Internetangebot.

Industrie- und Handelskammer Aachen, http://www.aachen.ihk.de/linkableblob/1377444/.13./data/sozialversicherungspflichtige_beschaeftigte-data.pdf, abgerufen am 15.04.2013.

In | du | strie, Initiative der Industrie in Nord-Westfalen, koordiniert von der IHK Nord Westfalen, Internetangebot.

Institut für Mittelstandsforschung (2013), Bonn.

Mittelstandsmonitor 2010, http://www.bitkom.org/de/themen/54641_63137.aspx.

Rammer, C. et al. (2012), Innovationsverhalten der deutschen Wirtschaft, Indikatorenbericht zur Innovationserhebung 2011, München.

RWTH Aachen University (2012a), Partner für Industrie und Wirtschaft. Exzellenz nutzen. Mehrwert schaffen.

RWTH Aachen University (2012b), Broschüre RWTH Aachen Campus.

Schuh, G., Thomas, A., Baumann, B., Gartzen, U., Haag, C. (2011), Forschung und Politik – Gegensätze oder wechselseitige Notwendigkeit?, Apprimus Verlag, Aachen.

2.2 Disruptive Network Approach – Netzwerkbasierte integrierte Produkt- und Prozessentwicklung zur Stärkung der Wettbewerbsfähigkeit im deutschen Mittelstand

Prof. Dr.-Ing. Achim Kampker

Lehrstuhl für Produktionsmanagement

Werkzeugmaschinenlabor WZL der RWTH Aachen

Einleitung

Die deutsche Industrie sieht sich mit einem turbulenten Umfeld konfrontiert, dem sich auch der Mittelstand nicht entziehen kann. Im Folgenden sollen nicht nur die daraus resultierenden Herausforderungen sondern auch ein geeigneter Lösungsansatz zu deren Bewältigung am Beispiel der Automobilzulieferindustrie exemplarisch erläutert werden.

Nach wie vor verfügt Deutschland über eine technologische Führungsrolle und zeichnet sich durch hohe Innovationskraft aus. Aktuelle Studien zeigen jedoch, dass der Preis eine immer entscheidendere Rolle bei der Entscheidung für ein Produkt spielt.[1] Aus diesem Grund ist es für deutsche Unternehmen nicht mehr ausreichend, sich nur auf die technologischen Vorzüge ihrer Produkte zu verlassen, sondern sie sind besonders gefordert, diese kostengünstig am Markt anzubieten, um im internationalen Wettbewerb auch weiter ihre dominierende Rolle behaupten zu können.

Weiterhin verlangen die Kunden mit immer höherer Frequenz nach technischen Neuerungen, was die Zeit eines Produktes am Markt verkürzt. Um dennoch Gewinn mit einer Produktreihe zu erzielen, ist es für ein Unternehmen essenziell, die „Time-to-Market" möglichst kurz zu halten. Gleichzeitig nimmt aber die Produktkomplexität stetig zu. So verfügen moderne Fahrzeuge bspw. über immer mehr Software-Unterstützung. Zusätzlich steigt der potenzielle Lösungsraum in der Entwicklungsphase durch die fortwährende Verfügbarkeit neuer Technologien. Auch in der Produktion ist eine Komplexitätszunahme zu beobachten. Grund hierfür ist vor allem die steigende, vom Kunden geforderte Variantenvielfalt, die die Produktion vor die Herausforderung stellt, diese mit beschränkten Ressourcen zu bedienen.

---

[1] Roland Berger Strategy Consultants (2010) Production Systems 2020. S. 12

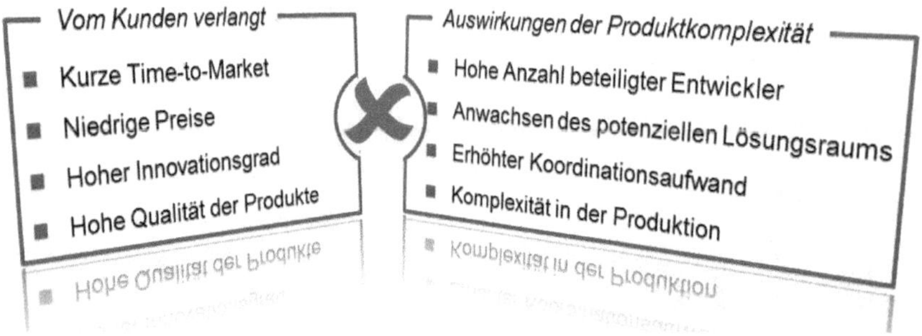

Bild 2-2: Das Dilemma der Produktion im turbulenten Umfeld

Die bisherigen Ausführungen zeigen, dass der Kunde heutzutage mit hoher Frequenz innovative, hochwertige Produkte fordert, die jedoch nicht viel kosten dürfen. Auf den ersten Blick scheinen diese Forderungen unvereinbar (Bild 2-2).

Ein insbesondere in der Automobilindustrie zur Anwendung kommender Ansatz zur Senkung der Produktionskosten besteht in der Produktstandardisierung und der Ausnutzung von Skaleneffekten. Allerdings führt diese Vorgehensweise bei niedrigen Stückzahlen bzw. der Einführung neuer Technologien am Markt, wie beispielsweise der Elektrifizierung des automobilen Antriebsstrangs, nur zu begrenztem Erfolg.[2]

Moderne Produkte zeichnen sich durch eine hohe Komplexität aus, deren Entwicklung ein hohes, disziplinübergreifendes Maß an Wissen erfordert. Die notwendigen Kompetenzen liegen selten bei einem einzigen Unternehmen, weshalb der Zusammenschluss unterschiedlicher Unternehmen in Netzwerken einen sinnvollen Ansatz zur effektiven und effizienten Produktentwicklung bietet. Hierbei beeinträchtigen jedoch häufig etablierte Strukturen Kosteninnovationen und beschleunigte Entwicklungsaktivitäten. So verhindert bspw. die strikt hierarchische Ausrichtung in der Automobilindustrie die Nutzung entwicklungstechnischer Freiheitsgrade zur Kostenreduktion im Sinne einer integrierten Produkt- und Prozessentwicklung. Stattdessen wird der Kostendruck von den OEMs an die Zulieferer weitergegeben, welche wiederum versuchen, diesem mit einer gesteigerten Produktivität zu begegnen.[3] Dieser Ansatz ist nicht falsch, stößt aber mehr und mehr an seine Grenzen. Eine bessere Basis für die Nutzung sich bietender Gestaltungsfreiräume bildet die vernetzte Struktur des Maschinen- und Anlagenbaus. Die Zusammenarbeit findet meist jedoch nur temporär statt. Sie hat „Projektcharakter" und die Entwicklungspartner wechseln häufig. Es ist dadurch nicht möglich, stabile, langfristige Partnerschaften aufzubauen, die eine durchgängige Produktentwicklung zur radikalen Senkung von Kosten und Entwicklungszeiten ermöglichen.

Produzierende Unternehmen sehen sich heutzutage mit der Herausforderung konfrontiert, komplexe Produkte in kurzer Zeit zu produzieren und diese zu günstigen Preisen

[2] Gassmann, Kobe (2006) Management von Innovation und Risiko. S. 375
[3] Becker (2007) On collision course - automotive industry in global competition. S. 26

am Markt anzubieten. Dieser versuchen sie u.a. durch eine gesteigerte Produktivität und die Bildung von Netzwerken zu begegnen. Oftmals zeigen die Maßnahmen aber nur einen geringfügigen Erfolg. Im nächsten Kapitel wird daher ein Ansatz präsentiert, der es mittelständischen Unternehmen ermöglicht, ihre Wettbewerbsfähigkeit durch einen durchgängigen, vernetzten Entwicklungsprozess nachhaltig zu stärken.

Lösungsansatz Disruptive Network Approach(DNA)

Es existieren Ansätze, die für die eben beschriebene Problematik geeignete Angriffspunkte bieten, allein jedoch nicht in der Lage sind, das im ersten Kapitel aufgezeigte Dilemma ganzheitlich aufzulösen. Methodenseitig bietet sich das Vorgehen der integrierten Produkt- und Prozessentwicklung an. In der integrierten Produkt- und Prozessentwicklung werden mögliche Abhängigkeiten und Auswirkungen von Produktdesign und Produktionsprozessen vorausschauend aufgedeckt, um so effektive und effiziente Entscheidungen zu unterstützen.[4]

Aus dem Bereich der Produktion ist zudem das Konzept der virtuellen Fabrik zur Unterstützung von Geschäftsprozessen in Netzwerken bekannt. Das Ziel einer virtuellen Fabrik ist es, die Kompetenzen von Unternehmen zu vereinen und gemeinsam als Systempartner und Lieferant am Markt in Form von Produkten oder Dienstleistungen anzubieten. Diese Form der Zusammenarbeit ermöglicht es den Unternehmen somit, gemeinsam Projekte durchzuführen und Aufträge zu erlangen, die außerhalb der Möglichkeiten einzelner Unternehmen lägen.[5]

Der Ansatz Disruptive Network Approach (DNA) vereint die Vorteile der beiden Konzepte und postuliert somit eine netzwerkbasierte Entwicklungsumgebung unter Einbeziehung der integrierten Produkt- und Prozessgestaltung. Gerade für mittelständisch geprägte Unternehmen und Netzwerke bietet der Ansatz die Möglichkeit zur Realisierung strategischer Projekte. Ziel des Disruptive Network Approach ist es, die Effizienz von Entwicklungsprojekten zu erhöhen und gleichzeitig das Entwicklungsergebnis hinsichtlich Produktqualität und Produktionskosten zu verbessern.

Dazu wird die Produzierbarkeit des Produkts von vornherein in den Fokus gestellt und als ein entscheidendes Kriterium für die Bewertung von Produktalternativen definiert. Der Entwicklungsprozess startet mit der Planung unterschiedlicher Szenarien der Wertgenerierung, um die Abhängigkeiten zwischen Produktspezifikationen und Prozessdesign auszuloten. Anhand dieser Szenarien werden die Freiheitsgrade während der weiteren Entwicklung systematisch reduziert, was zu einer optimalen Lösung führt. Hierfür müssen in einem ersten Schritt bspw. eine Technologieauswahl, der Make-or-Buy Level und die Produktionsstruktur festgelegt werden. Auf dieser Basis kann eine optimal auf die definierten Randbedingungen angepasste Festlegung der Produktspezifikationen unter Einbezug der für die Produktion verantwortlichen Partner erfolgen.

---

[4] Eversheim, Schuh (2005) Integrierte Produkt- und Prozessgestaltung. S. 1

[5] Schuh, Millarg, Göranson (1998) Virtuelle Fabrik. Neue Marktchancen durch dynamische Netzwerke. S. 64

Im Anschluss daran wird eine parallele Entwicklung des Produkt- und Prozessdesigns in einem iterativen Prozess vorgenommen, um schon in der Entwicklung potenzielle Probleme während der Produktion aufzudecken und so eine reibungslose Wertschöpfung zu ermöglichen.

Nur wenige Unternehmen fertigen ihre Produkte heutzutage komplett eigenständig. Daher müssen die Entwicklungspartner gezielt mit in die Entwicklung einbezogen werden, um ein optimales Entwicklungsergebnis gewährleisten zu können. Dabei wird keine hierarchische Struktur vorgegeben. Vielmehr besteht das Netzwerk aus einer Vielzahl emanzipierter, gleichberechtigter Partner. Dies hat den Vorteil, dass die Produktspezifikationen frei zwischen den beteiligten Partnern verhandelt werden können.

Um den komplexen Entwicklungsprozess mit vielen Entwicklungspartnern zu koordinieren, werden die Entwicklungstätigkeiten in Entwicklungsmodulen gekapselt (Bild 2-3). Hierdurch kann ein Wandel von einer sequenziellen zu einer vernetzten und parallelisierten Entwicklung erreicht werden. Zwischen den einzelnen Entwicklungsmodulen werden klare Schnittstellen und Informationsflüsse definiert, wodurch Koordinationsaufwand und Reibungsverluste vermindert werden. Diese Vorgehensweise ermöglicht zudem, weitere Partner durch die Definition neuer Module in den Entwicklungsprozess miteinzubeziehen und mit den bestehenden Arbeiten der Partner zu vernetzen.

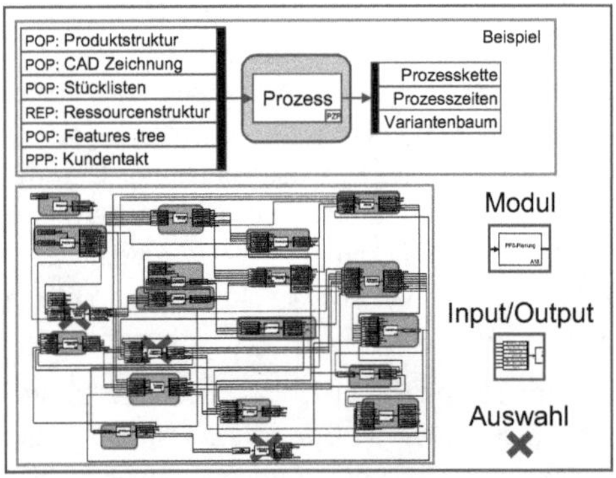

Bild 2-3: Prinzip des modularen Entwicklungsprozesses

Der Entwicklungsprozess wird zusätzlich durch ein Lösungsraummanagement unterstützt. Dabei wird an vordefinierten Punkten, sogenannten Decision Gates, eine systematische Einschränkung des Lösungsraumes vorgenommen. Dieses Vorgehen soll eine zielgerichtete Entwicklung ermöglichen und verhindern, dass bestimmte Optionen zu früh ausgeschlossen werden und potenziell gute Lösungen so frühzeitig eliminiert werden (Bild 2-4).

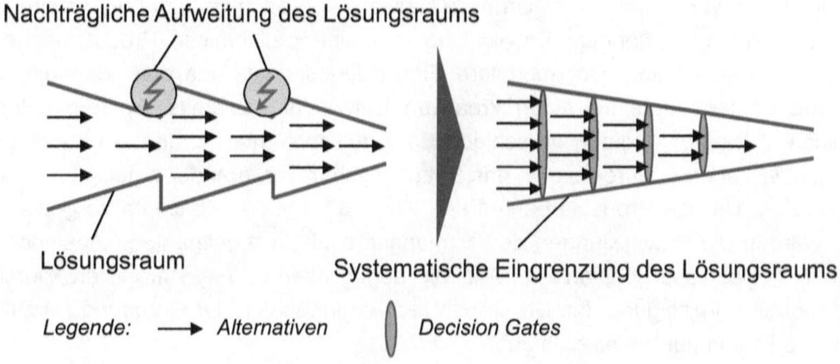

Bild 2-4: Systematisches Lösungsraummanagement

Die praktische Umsetzung wird durch eine gemeinsame Software-Plattform unterstützt. Dies kann zum Beispiel durch die Modifikation bestehender PLM[6]-Software geschehen, wie es im Projekt „StreetScooter", das im nächsten Kapitel näher vorgestellt wird, umgesetzt wurde. Verschiedenen Partnern wird so beispielsweise die Möglichkeit geboten, ihre bisherige, individuelle CAD-Software weiterhin zu nutzen und gleichzeitig dezentral ein gemeinsames Produkt zu entwickeln. Insbesondere für ein Netzwerk mittelständischer Unternehmen, in denen meist keine einheitliche Software-Unterstützung gegeben ist, bietet die Verwendung einer solchen PLM-Plattform große Vorteile.

Verglichen mit herkömmlichen Entwicklungsmethoden liegt der große Nutzen des Disruptive Network Approach in der Transparenz, die durch die Kapselung in Entwicklungsmodulen entsteht. Zusätzlich wird hierdurch eine systematische Parallelisierung bestimmter Aktivitäten ermöglicht. Ein weiterer Vorteil besteht darin, dass Produkt- und Prozessinterdependenzen frühzeitig aufgezeigt und in einem frühen Entwicklungsstadium berücksichtigt werden können. Dies beugt dem Auftreten erst in der Produktion vor, wo eine Behebung mit hohen Kosten verbunden ist. Die Zusammenarbeit erfolgt in einem stabilen, langfristig angelegten Netzwerk, wodurch sich die Partner mit den jeweiligen Kompetenzen kennen. Gerade für mittelständische Unternehmen lassen sich so in Summe Entwicklungsvorhaben durchführen, die für ein einzelnes Unternehmen nicht möglich wären.

Anwendungsbeispiel StreetScooter

Als Hochschulprojekt gestartet und initiiert, wird der StreetScooter jetzt in einer Ausgründung zusammen mit einer Vielzahl beteiligter Unternehmen entwickelt. Bei den Partnern handelt sich vornehmlich um mittelständische Tier-1 oder Tier-2 Automobilzulieferer. Der Fokus des Projekts liegt auf der konsequenten Reduzierung der Produktionskosten mit dem Ziel, ein bezahlbares Elektroauto herzustellen.

---

[6] Product Lifecycle Management

Innerhalb des Projektes wird der Disruptive Network Approach verfolgt und weiterentwickelt, um eine durchgängige Entwicklung und eine problemlose Produktion des Fahrzeugs sicherzustellen. Der modulare Entwicklungsansatz und eine ideenoffene Umgebung sorgen dabei für einen kreativen Entwicklungsprozess, in dem unterschiedliche Partner die verschiedenen Komponenten des Fahrzeugs (weiter-)entwickeln. So wurde bspw. das Batteriesystem von drei der beteiligten Partner entworfen. Um die Produzierbarkeit und Kompatibilität der Konzepte zu gewährleisten, wurden die Entwicklungen des Planungsmoduls in regelmäßigen Abständen mit den Teilergebnissen der anderen Module abgeglichen und synchronisiert. Durch die konsequente Verfolgung des DNA-Ansatzes vergingen von der Gründung bis zum Start-of-Production nur dreieinhalb Jahre (Bild 2-5).

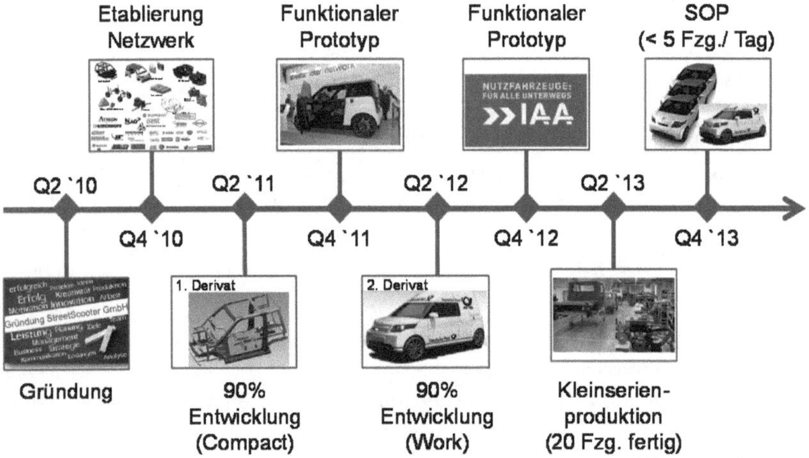

Bild 2-5: Zeitliche Entwicklung des StreetScooter-Projekts

Der Erfolg des Konzepts zeigt sich mittlerweile in der Praxis. So wurden bereits zwei Prototypen für die Deutsche Post für die innerstädtische Postzustellung gefertigt. Bis zum Ende des Jahres sollen weitere 50 Fahrzeuge ausgeliefert werden, bevor die Serienproduktion in 2014 anläuft.

Zusammenfassung

Die Kosten eines Produkts werden in Zukunft immer mehr zu einem Wettbewerbsfaktor werden, dies gilt vor allem für noch nicht am Markt etablierte Technologien wie der Elektromobilität. Um unter diesen Bedingungen die Wettbewerbsfähigkeit garantieren zu können, reichen vorhandene Mechanismen der Kostensenkung nicht mehr aus.

Einen Ausweg, vor allem als neuartige Form der Zusammenarbeit für mittelständische Unternehmen, bietet der Disruptive Network Approach, der eine netzwerkbasierte Version der integrierten Produkt- und Prozessplanung darstellt. Dabei schafft die modulare Herangehensweise Transparenz in einem ansonsten undurchsichtigen Entwicklungsprozess und ermöglicht eine systematische Parallelisierung der Entwicklungstätigkeiten, wodurch signifikante Zeitersparnisse erzielt werden können. Zudem wird durch die Gleichberechtigung der Partner eine hierarchische Struktur vermieden, sodass sich alle Partner auf Augenhöhe begegnen und offen mögliche Lösungen diskutieren können. Hierdurch werden lokale Maxima zugunsten eines Gesamtoptimums vermieden. Der Erfolg des Ansatzes konnte im StreetScooter-Projekt nachgewiesen werden, eines in Aachen entwickelten Elektrofahrzeugs, welches in naher Zukunft von der Deutschen Post in der Brief- und Paketzustellung eingesetzt werden wird.

Literaturverzeichnis

Becker, Hermann (2007): On collision course - automotive industry in global competition. Berlin: Springer

Eversheim, Walter/Schuh, Günther (2005): Integrierte Produkt- und Prozessgestaltung. Berlin: Springer

Gassmann, Oliver/Kobe, Carmen (2006): Management von Innovation und Risiko. Quantensprünge in der Entwicklung erfolgreich managen. Berlin: Springer

Roland Berger Strategy Consultants (2011): Production Systems 2020. Global challenges and winning strategies for the mechanical engineering industry. 2011.

Schuh, Günther/Millarg, Kai/Göransson, Asa (1998): Virtuelle Fabrik. Neue Marktchancen durch dynamische Netzwerke. München: Hanser

2.3 Digital Photonic Production

Prof. Dr. rer. nat. Reinhart Poprawe M.A.

Lehrstuhl für Lasertechnik der RWTH Aachen (LLT)

Fraunhofer-Institut für Lasertechnik (ILT)

Dipl.-Phys. Christian Hinke

Lehrstuhl für Lasertechnik der RWTH Aachen (LLT)

Forschungscampus Digital Photonic Production

Einleitung

Digitale Photonische Produktion erlaubt die direkte Herstellung von nahezu beliebigen Bauteilen oder Produkten aus digitalen Daten. Verfahren, die vor über 10 Jahren für das Rapid Prototyping entwickelt wurden, entwickeln sich aktuell zu Rapid Manufacturing Verfahren, zur direkten Produktion von Funktionsbauteilen. Aktuell werden Rapid Manufacturing Verfahren in ersten Pilotanlagen im Automobilbau und in der Luftfahrtindustrie für die industrielle Serienfertigung erprobt. Das Werkzeug Licht nimmt dabei wegen seiner einzigartigen Eigenschaften eine zentrale Rolle ein. Kein anderes Werkzeug kann annähernd so präzise dosiert und gesteuert werden wie das Werkzeug Licht.

Experten bezeichnen den Laserstrahl als das einzige Werkzeug, das ähnlich schnell „arbeitet" wie ein Computer „denkt". Ein Laserdrucker funktioniert nach diesem Prinzip und zeigt, was mit hochenergetischer Laserstrahlung in der Produktion der Zukunft möglich sein wird, wenn die grundlegenden Wechselwirkungen zwischen Werkstoff, Licht und photonischen Prozessketten verstanden und darauf basierende digitale photonische Produktionssysteme realisiert werden.

Beispielhafte zukünftige Anwendungen sind die laserbasierte generative Fertigung von funktions- und ressourcenoptimierten metallischen Bauteilen mit 3D Druckern (z.B. Leichtbaustrukturen, Turbinenkomponenten), das großflächige direkte Mikrostrukturieren von Funktionsoberflächen mit Hochleistungskurzpulslasern (z.B. Photovoltaik, OLED, reibungs- und verschleißoptimierte Oberflächen für Motoren oder im Antriebsstrang) sowie die EUV (extreme ultraviolet) basierte Herstellung von „Nanoschaltern" oder Speicherchips der nächsten Generation.

Im Zusammenhang mit diesen neuen Technologien wird teilweise von einer neuen Industriellen Revolution gesprochen (The Economist, Titelbericht Februar 2011 und April 2012). Im Wesentlichen beruht das revolutionäre technologische Potenzial von Digital Photonic Production auf einer fundamentalen Änderung der Kostenfunktion, d.h. auf einem grundsätzlich anderen Zusammenhang zwischen Kosten, Stückzahl und Produktkomplexität für photon- bzw. laserbasierte Fertigungsverfahren im Vergleich zu konventionellen Verfahren. Im Unterschied zu konventionellen Verfahren können mit dem Werkzeug Licht sowohl kleine Stückzahlen als auch komplexe Produkte (kleinste Dimension, verschiedenste Materialien, komplizierteste Geometrie) kostengünstig gefertigt werden.

Von der laserbasierten Fertigung zur Digital Photonic Production

Die Prinzip bedingten Vorteile des Werkzeugs Licht sind seit Langem bekannt, konnten aber bisher nur in einigen Nischen, wie der maßgeschneiderten Herstellung von medizinischen Implantaten, genutzt werden. Bisher galt: Bei der Nutzung von laserbasierten Fertigungsverfahren sind die Stückkosten zwar unabhängig von der Stückzahl und der Komplexität, aber generell sehr hoch. Erst bei sehr kleinen Stückzahlen oder bei sehr komplexen Geometrien lohnten sich laserbasierte Fertigungsverfahren.

Dies hat sich signifikant verändert: Laserverfahren sind deutlich schneller und damit kostengünstiger geworden, gleichzeitig sind die Kosten für Strahlquellen und damit die Maschinenkosten deutlich gesunken. So hat sich zum Beispiel die Aufbaurate beim Selective Laser Melting (SLM) um den Faktor 10 erhöht. Gleichzeitig werden Ultrakurzpulslaser im Kilowattbereich kommerziell verfügbar, damit erhöht sich z.B. die Abtragrate beim 3D-Laserstrukturieren ebenfalls um den Faktor 10.

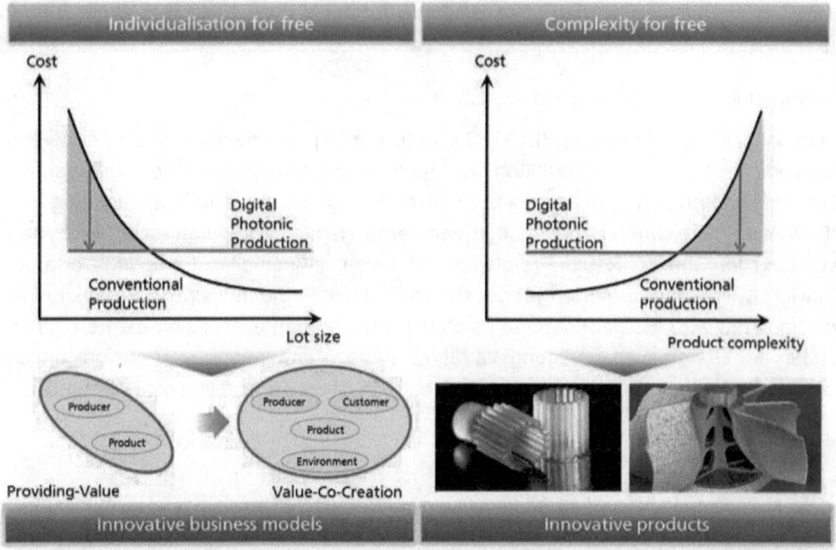

Bild 2-6: Grundlegend andere Kostenfunktion bei der Digital Photonic Production ermöglicht innovative Produkte und neue Geschäftsmodelle

Laserbasierte Fertigungsverfahren, die bisher vor allem in vielen verschiedenen Nischenanwendungen erfolgreich eingesetzt wurden, werden jetzt für die Serienproduktion von kleinen und mittleren Stückzahlen interessant. Damit steht die Produktionstechnik insgesamt vor ähnlich großen Veränderungen, wie sie in den vergangenen zehn Jahren durch die Entwicklung des 2D-Laserstrahlschneidens im Bereich der Blechbearbeitung stattgefunden haben. Mit der Verfügbarkeit von serientauglichen generativen Fertigungsverfahren oder 3D-Abtragsverfahren wird nun auch im 3D-Bereich die direkte Produktion von beliebigen Geometrien aus digitalen Daten möglich. Laserbasierte Fertigungsverfahren entwickeln sich zur Digital Photonic Production.

Auftragende und abtragende laserbasierte Fertigungsverfahren

Digital Photonic Production geht dabei weit über laserbasierte auftragende oder generative Fertigungsverfahren (Additive Manufacturing) hinaus. Neue Ultrakurzpulslaser ermöglichen zum Beispiel einen sehr schnellen und nahezu materialunabhängigen Abtrag. Bis hinein in den Nanometerbereich können so feinste funktionale Strukturen erzeugt werden.

Mit dem Werkzeug Licht ist auch eine selektive, d.h. ortsaufgelöste Modifikation von Bauteilen an der Oberfläche oder bei transparenten Materialien auch im Volumen möglich. So können z.B. Werkzeugformen mit dem Laserstrahl poliert oder dreidimensionale Mikrofluidiksysteme für die Medizintechnik direkt aus digitalen Daten in Gläser „geschrieben" werden. Die genannten Anwendungen zeigen das Potenzial von Digital

Photonic Production und sind erste Beispiele für die Vision: „From Bits to Photons to Atoms“.

Auftragende Fertigung mit Selective Laser Melting

Laser Additive Manufacturing (LAM) Systeme ermöglichen die direkte, d.h. formwerkzeuglose Fertigung von Produkten mit nahezu beliebiger Geometrie. Laserbasierte Generativen Fertigungsverfahren (im Englischen auch als Additive Manufacturing oder 3D-Printing bezeichnet) haben sich in den vergangenen Jahren von einer Nischenanwendung im Bereich Rapid Prototyping zu einem industriellen Fertigungsverfahren entwickelt, von dem Experten prognostizieren, dass es die industrielle Produktion revolutionieren wird. Bedingt durch die schichtweise Aufbautechnik sind die Fertigungskosten bei Generativen Fertigungsverfahren nahezu unabhängig von der gewünschten Stückzahl und von der gewünschten geometrischen Komplexität eines Bauteils.

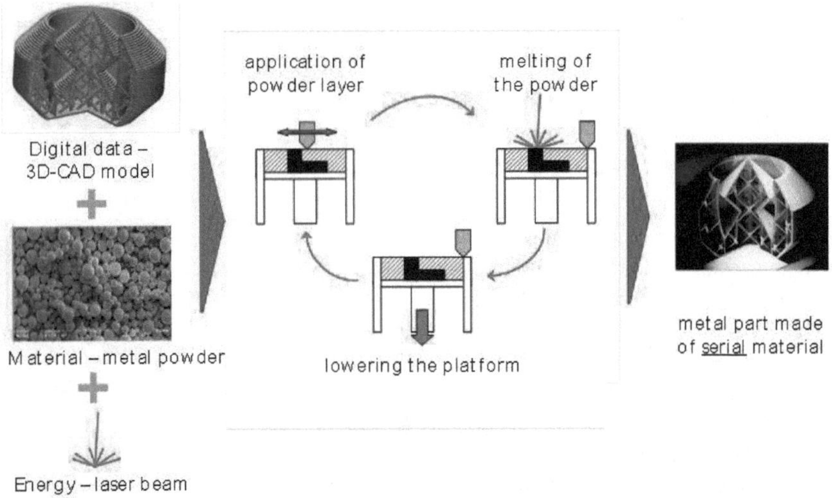

Bild 2-7: Selective Laser Melting (SLM) zur formwerkzeuglosen Fertigung von Komponenten oder Produkten mit nahezu beliebiger Geometrie

Neben der werkzeuglosen Fertigung und der hohen Geometriefreiheit ermöglichen die Generativen Fertigungsverfahren die Realisierung von funktions- und gewichtsoptimierten Strukturbauteilen, z. B. im Automobilbau sowie in der Luft- und Raumfahrt. International prüfen derzeit zahlreiche große Firmen aus verschiedenen Branchen den Einsatz von Generativen Fertigungsverfahren in der industriellen Serienproduktion. Neben einer deutlich energie- und ressourceneffizienteren Fertigung mittels Generativer Verfahren, verspricht sich die Industrie durch den Einsatz funktional optimierter Bauteile vor allem eine deutliche Steigerung der Ressourcen- und Energieeffizienz während des gesamten Lebenszyklus eines Produktes.

Bild 2-8: SLM gefertigtes funktions- und gewichtsoptimiertes Strukturbauteil (Bildquelle: Fraunhofer ILT, Volker Lannert)

Abtragende Fertigung mit Ultrakurzpulslaserstrahlung

Ultrakurzpulslaserstrahlung ermöglicht die Bearbeitung unterschiedlichster Materialien, die konventionell oft nur schwer oder gar nicht zu bearbeiten sind (z.B. Halbleiter, Keramiken, Gläser, Verbundwerkstoffe). Ultrakurzpulslaser stellen eine neue Klasse von optischen Bearbeitungssystemen dar, mit denen sich neue Funktionalitäten auf Werkstoffen und Bauteilen realisieren lassen. So werden beispielsweise durch eine gezielte Deposition der Photonenenergien in der Oberfläche bzw. bei Mehrschichtverbünden innerhalb eines Werkstoffs explosionsartige Verdampfungsvorgänge induziert, die eine weitgehend kalte Ablation mit einem Abtransport der eingebrachten Energie durch die Ablationsprodukte bewirken. Damit lassen sich auch für bereits eingeführte Laserprozesse, wie dem Schneiden, Abtragen und Bohren neue Verfahrensprinzipien mit allerdings deutlich höherer Genauigkeit und Verfahrenseffizienz realisieren. Die Basis hierzu stellen Laserprozesse dar, die einen Werkstoffabtrag mit Nanometergenauigkeit ohne Beeinflussung des Grundwerkstoffs erlauben. Die Grundprozesse sind dabei:

- 3D-Abtrag von Werkstoffen beliebiger Härte mit lateraler Genauigkeit im Mikrometerbereich und Tiefengenauigkeit im Nanometerbereich
- Schädigungsfreies Schneiden von Verbundwerkstoffen durch thermisch kontrollierte Verdampfung
- Ablation von Halbleitern, Gläsern und anderen Dielektrika durch nichtlineare Absorptions- und Ablationsprozesse

Neben den formgebenden Laserprozessen erlauben Ultrakurzpulslaser durch eine sehr exakte Deposition der Energie im nanoskaligen Oberflächenbereich sowie im Volumen bisher nicht mögliche Funktionalisierungen und nutzungsspezifischen Anpassungen von Werkstoffen. Mit diesem Ansatz sowie der Nutzung neuer Hochleistungsquellen im mittleren Infrarot lassen sich so zum Beispiel nanopartikuläre Schichten herstellen sowie Oberflächen funktional modifizieren. Insbesondere lassen sich durch ps- und fs-Laserbestrahlung nanoskalige Oberflächenstrukturen erzeugen, die gegenüber dem Grundwerkstoff einem Bauteil gänzlich neue Eigenschaften verleihen. Damit ergeben sich eine Reihe technologischer Möglichkeiten für die digitale Produktion von Morgen, wie z.B. die Reduktion des Wärmeeinflusses beim Laserstrahlschneiden von Faserverbundwerkstoffen und Metallen von derzeit bis zu 100 µm um mindestens 2 Größenordnungen.

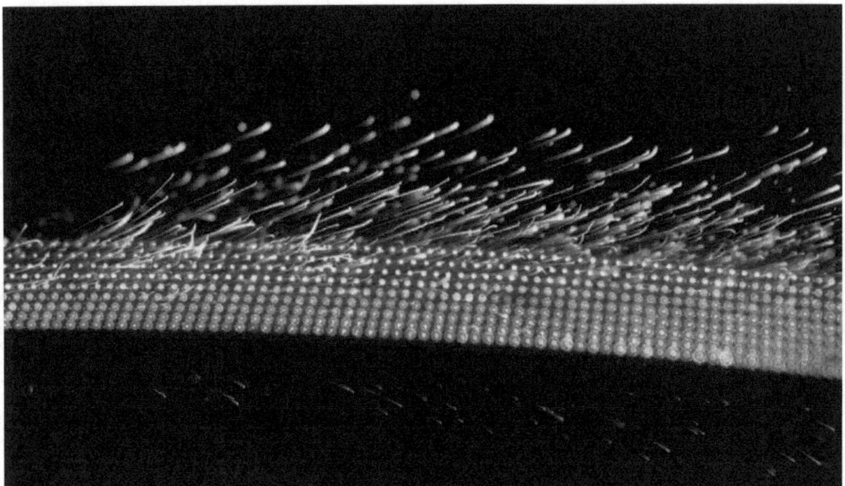

Bild 2-9: Hochratestrukturierung von Siliziumwafern für die Photovoltaik mit Hilfe von Ultrakurzpulslasern

Um das Potenzial von Digital Photonic Production vollständig nutzen zu können, müssen Prozessketten ganzheitlich betrachtet werden. Die Neuauslegung von industriellen Prozessketten reicht dabei von vor- und nachgelagerten Fertigungsschritten, über das Bauteildesign, bis zu völlig neuen Geschäftsmodellen wie Mass-Customization oder Open-Innovation.

Genau diese ganzheitliche Betrachtung ist jetzt im neuen BMBF Forschungscampus Digital Photonic Production in Aachen möglich. Mehr als 30 Partner aus Wissenschaft und Wirtschaft werden im Rahmen dieser neuen Initiative gemeinsam unter einem Dach an grundlegenden Forschungsthemen arbeiten. Neu ist dabei neben dem Thema vor allem die langfristige, strategische Bindung der Partner und die Zusammenarbeit an einem Ort.

Seit 2009 bereitet die RWTH Aachen auf einem 800.000m² großen Areal den RWTH Aachen Campus vor. Im Rahmen dieser Entwicklung werden verschiedene thematische Schwerpunkte etabliert, die eine neue Form und Qualität der Zusammenarbeit zwischen Hochschule und Forschungspartnern vor Ort ermöglichen werden. Jeder dieser Themenschwerpunkte bildet ein Campus-Cluster, in dem Industrieunternehmen und Forschungsinstitute ganzheitlich und interdisziplinär an definierten Forschungsfragen arbeiten.

Durch die thematische Clusterung und die Selektion von forschenden Unternehmen entstehen „Scientific Communities", d.h. formale und informelle Werte-, Arbeits- und Kommunikationsgemeinschaften, die eine langfristige und vertrauensvolle Zusammenarbeit von Wirtschaft und Wissenschaft in einer neuen Qualität ermöglichen.

Der BMBF Forschungscampus Digital Photonic Production ist innerhalb des RWTH Aachen Campus angesiedelt. Ziel des Forschungscampus Digital Photonic Production ist die Erforschung von neuen Methoden und grundlegenden physikalischen Effekten für die Nutzung von Licht als Werkzeug in der Produktion, insbesondere in den Zukunftsthemen Mobilität, Energie, Gesundheit sowie Informations- und Kommunikationstechnik.

Mit dem Forschungscampus Digital Photonic Production wird eine neue Form der langfristigen und systematischen Kooperation zwischen Universität, Fraunhofer-Gesellschaft und Industrie etabliert. Ziel dieser Zusammenarbeit ist die komplementäre Bündelung der verschiedenen Ressourcen in der vorwettbewerblichen Grundlagenforschung an einem Ort.

2.4 Potenziale des Laserstrahlschweißens und Elektronenstrahlschweißens unter stationärem und mobilem Vakuum

Prof. Dr.-Ing. Uwe Reisgen
Institutsleiter Institut für Schweißtechnik und Fügetechnik (ISF), RWTH Aachen

Ko-Autoren (ohne Bild):

Dipl.-Ing. Stefan Jakobs, ISF, RWTH Aachen

Dipl.-Ing. Sebastian Ufer, ISF, RWTH Aachen

Stefan Klein, Fachhochschule Aachen

Einleitung

Durch ihre prozesstypischen Eigenschaften decken das Laserstrahlschweißen (LBW) und das Elektronenstrahlschweißen (EBW) eigene Einsatzgebiete ab. Für beide Verfahren stehen unterschiedliche Varianten zur Verfügung, die das Schweißen eines weit gefassten Werkstoffspektrums in den unterschiedlichsten Anwendungsgebieten vom Schwermaschinenbau bis hin zur Mikrosystemtechnik ermöglichen. Im Bereich der Strahlschweißverfahren gibt es seit Jahren konstante Bestrebungen, die Einsatzmöglichkeiten zu verändern bzw. zu erweitern. Dazu gehören u.a. auch die Weiterentwicklung der Anlagentechnik sowie die Verbesserung der mathematischen Modelle zur Prozesssimulation und der Vorhersage von Schweißergebnissen. Mit dem Laserstrahlschweißen unter Vakuum (LaVa) wird eine Prozessvariante untersucht, mit der sich ggf. neue Anwendungsfelder erschließen lassen können, beispielsweise das Schweißen von Kupfer. Abschließend werden die neusten Ergebnisse mit dem am ISF entwickelten Laserstrahlschweißen unter mobilem Vakuum vorgestellt.

Laserstrahlschweißen unter Vakuum im Vergleich zum EB-Schweißen

Die Strahlschweißverfahren (Laserstrahlschweißen und Elektronenstrahlschweißen) zeichnen sich durch eine hohe Energieintensität an der Werkstückoberfläche aus, wobei sich die Mechanismen der Strahl-Stoff-Wechselwirkung deutlich voneinander unterscheiden. Beiden gemein ist der Tiefschweißeffekt, d.h. die Ausbildung einer Dampfkapillare. Hierdurch können Schweißnähte mit einem sehr großen Aspektverhältnis erreicht werden.

Das LB-Schweißen findet für gewöhnlich bei Atmosphärendruck unter einer Schutzgasabdeckung statt, während das EB-Schweißen i.A. unter Feinvakuum durchgeführt wird.

Der Elektronenstrahl wird im Strahlerzeuger (auch Kanone genannt) generiert, geformt und fokussiert. Die emittierten Elektronen erreichen dabei je nach Beschleunigungsspannung und Strahlstrom 1/3 bis 2/3 der Lichtgeschwindigkeit. Der Strahl kann auf einen Durchmesser von 0,1 bis 0,8 mm fokussiert werden und erreicht am Werkstück eine Leistungsdichte von bis zu 107 W/cm^2. Die Elektronen dringen nur wenige µm in die Werkstückoberfläche ein. Dabei kommt es zu Stoßprozessen mit den Hüllen- und Leitungselektronen des zu verschweißenden Grundmaterials. Die kinetische Energie des Strahls wird in Schwingungsbewegungen, d.h. in Wärmeenergie umgewandelt. Zu Beginn eines Schweißprozesses betragen die Reflexions- und Absorptionsverluste ca. 30 %. Bei Ausbildung einer Dampfkapillare (auch Keyhole genannt) im Tiefschweißeffekt oberhalb Intensitäten von 105 W/cm^2 reduzieren sich diese Verluste auf ca. 10 %. Etwa 1 % der eingebrachten Energie wird in Röntgenstrahlung umgewandelt.

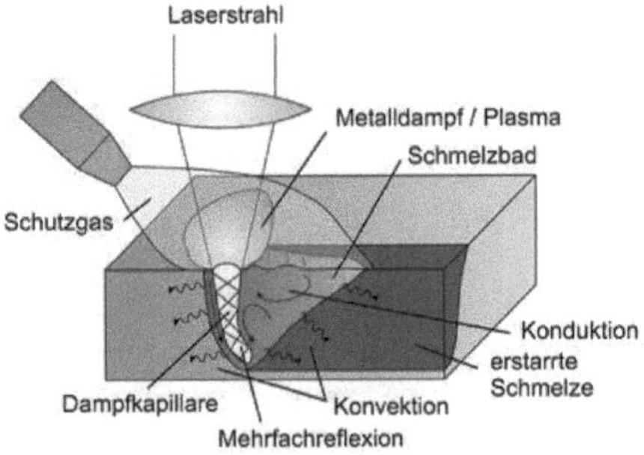

Bild 2-10: Vorgänge in der Fügezone beim Tiefschweißen

Beim Laserstrahlschweißen treffen fokussierte elektromagnetische Wellen einer definierten Wellenlänge auf die Werkstückoberfläche. Bei metallischen Werkstoffen wird hierbei jedoch nur ein geringer Teil der Strahlung absorbiert, der weitaus größere Teil wird gemäß der fresnelschen Formeln reflektiert. Die Reflexionsrate liegt bei über 90 %. Ausreichende Intensität vorausgesetzt, wird Schmelztemperatur erreicht und es setzt lokale Verdampfung ein, worauf sich der Tiefschweißeffekt einstellt (siehe Bild 2-11). Durch Mehrfachreflexion und Fresnelabsorbtion im Inneren der Dampfkapillare wird die Reflexion vernachlässigbar klein (siehe Bild 2-10). Mit CO_2-Lasern und Multimode-Festkörperlasern können Fokusdurchmesser bis 0,25 mm erreicht werden, die entsprechenden Intensitäten liegen teilweise deutlich oberhalb 107 W/cm^2. Mit Singlemode-Systemen, d.h. Lasern deren Strahlprofil einer Gauß-Verteilung sehr nahe kommt, sind sogar Fokusdurchmesser bis 0,03 mm bei Intensitäten größer> 108 W/cm^2 möglich.

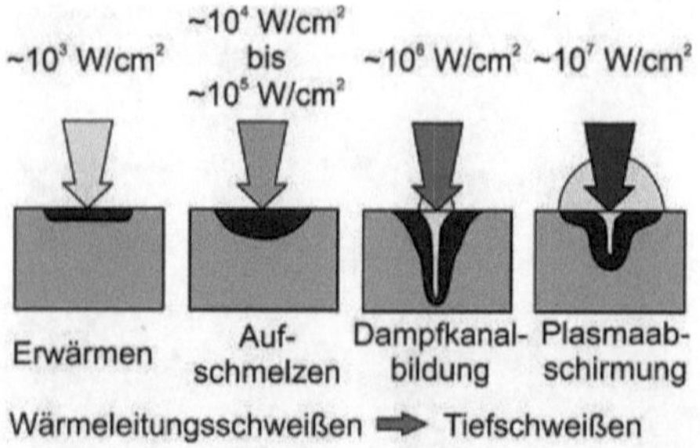

Bild 2-11: Übergang von Wärmeleitungs- zum Tiefschweißen

Durch die Ausbildung des Keyholes beim Strahlschweißen entsteht durch die konzentrierte Energieeinbringung ein Metalldampf, der durch den Dampfdruck nach oben bzw. bei Durchschweißungen auch nach unten aus dem Keyhole austritt. Während der Elektronenstrahl hiervon nahezu unbeeinflusst bleibt, wird ein Laserstrahl teilweise sehr stark absorbiert. Bei sehr hohen Intensitäten bildet sich über dem Keyhole aus dem Metalldampf ein Plasma, von dem im Fall eines CO_2-Lasers die Leistung auf der Werkstückoberfläche nahezu vollständig abgeschirmt werden kann, so dass die Dampfkapillare zusammenbricht. Bei Festkörperlasern wird zumindest die erreichbare Einschweißtiefe merklich reduziert. Daher werden beim LB-Schweißen Schutzgase eingesetzt, die nicht nur die Aufgabe haben, die Schmelze bzw. die gesamte Prozesszone vor den schädlichen Einflüssen der umgebenden Atmosphäre zu schützen, sondern auch, das Plasma seitlich zu verdrängen.

Laserstrahlschweißen unter Vakuum – erste Versuchsergebnisse

Durch eine Reduzierung des Umgebungsdrucks konnten sowohl starke Veränderungen in der Ausbildung und Form der Dampffackel über der Fügezone, als auch große Einflüsse auf die Schweißnahtgeometrie festgestellt werden. Bei identischen Schweißparametern (Fokuslage, Laserleistung und Schweißgeschwindigkeit) bildet sich eine sehr viel schmalere Schweißnaht aus. Die erreichbare Einschweißtiefe steigt darüber hinaus um das Vierfache an (siehe Bild 2-12).

Gründe hierfür sind der Wegfall des Phasenübergangs zwischen dem Grundwerkstoff und der Luft bzw. der Dampffackel und der Luft und daraus resultierend der größere Anteil der Energie, der in der Fügezone zur Verfügung steht. Diese Einflüsse auf die Wärmeleitungsprozesse führen zu den o.g. Effekten, da die eingebrachte Energie, d.h. die Prozesswärme auf einen engeren Bereich begrenzt bleibt. Aufgrund dessen bildet sich ein tieferes Keyhole aus, da die Verdampfungstemperatur des Werkstoffes auch in tieferen Bereichen des Grundwerkstoffes einfacher erreicht wird.

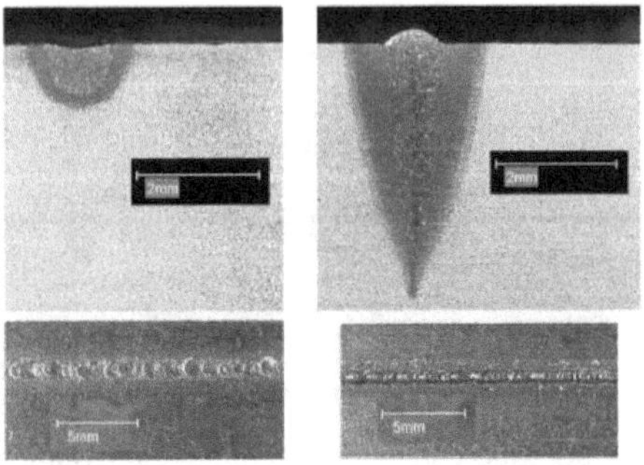

Bild 2-12: Änderung der Schweißnahtgeometrie und der Nahtoberraupe durch Vakuum; Umgebungsdruck (l.), 10^1 hPa (r.)

Die Ausbildung der Dampffackel über dem Keyhole macht den Einfluss des Vakuums und der damit veränderten Wärmeübertragung und des Einkoppelverhaltens des Laserstrahls in den Werkstoff deutlich. Bei Umgebungsdruck entsteht ohne die Unterdrückung der Dampffackel durch ein Schutzgas eine klar ausgebildete Fackel über dem Keyhole, die neben dem Metalldampf aus dem Keyhole auch durch die Atome und Moleküle der Atmosphäre genährt wird. Unter Vakuum hingegen bildet sich die Dampffackel nur in der unmittelbaren Umgebung des Keyholes. Durch den hohen Überdruck im Inneren der Kapillare entsteht zusätzlich ein Jet, da die Druckenergie des verdampften Werkstoffes direkt in Ausströmgeschwindigkeit umgesetzt wird, ohne dass das emittierte Gas von der Atmosphäre gebremst werden kann(siehe Bild 2-13).

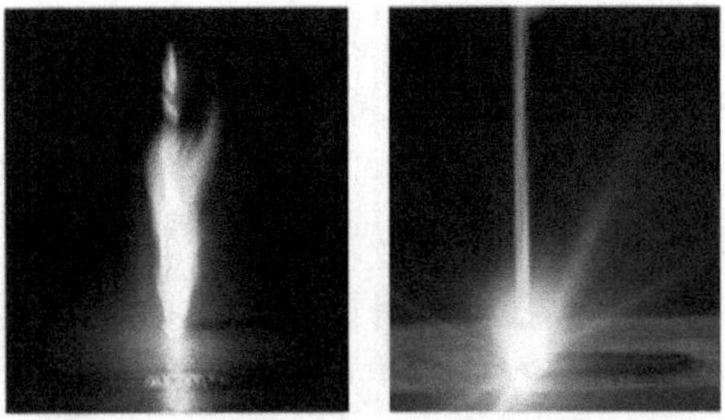

Bild 2-13: Dampffackel bei Umgebungsdruck (l.) und bei 101 hPa mit Ausbildung eines Jets (r.)

All diese Effekte können auch beim Schweißen von Kupfer nutzbar gemacht werden. Bild 2-14 zeigt den Vergleich zweier Schweißungen, die mit identischen Schweißparametern (außer Umgebungsdruck) erstellt worden sind. Bei Umgebungsdruck entsteht großer Schmelzeauswurf, bei 101 hPa ist eine nahezu fehlerfreie Naht zu erkennen. Einschweißtiefe ist in beiden Fällen ungefähr 13,8 mm bei einer Strahlleistung von 16 kW und einer Schweißgeschwindigkeit von 20 mm/s.

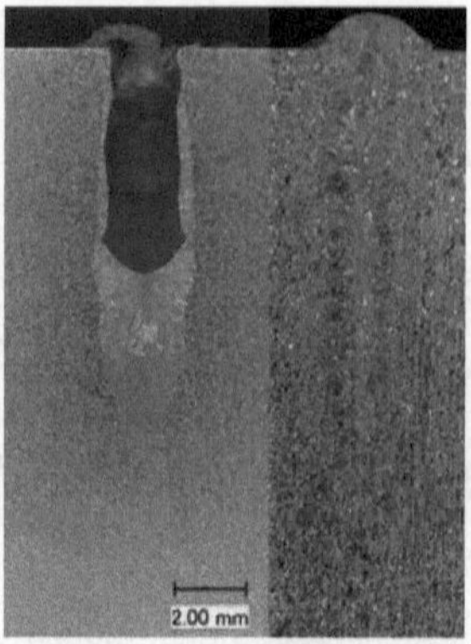

Bild 2-14: Querschliffe Kupfer bei Umgebungsdruck (l.) und bei 101 hPa (r.)

Vergleichende Ergebnisse von LaVa und Elektronenstrahlschweißen im Dickblechbereich

Bild 2-15 links und Mitte vergleicht die Lage/Gegenlage-Schweißungen von LaVa und EB-Nähten, die mit annähernd gleichen Parametern geschweißt wurden (12 kW Strahlleistung, 4,165 mm/s Schweißgeschwindigkeit). Sowohl die LaVa- als auch die EB-Schweißnähte zeigen die für die Strahlverfahren typische Nahtausbildung mit hohem Aspektverhältnis. Es ist zu erkennen, dass durch die höhere Einschweißtiefe bei EB der Überlappbereich vergrößert ist. Durch Erhöhung der Schweißgeschwindigkeit beim EBW von 4,165 mm/s auf 6 mm/s kann eine ähnliche Schweißnaht wie mit LaVa erzeugt werden, Abbildung 6 rechts.

Es wird vermutet, dass die höhere Einschweißtiefe beim EBW durch den geringeren Spotdurchmesser erreicht wird.

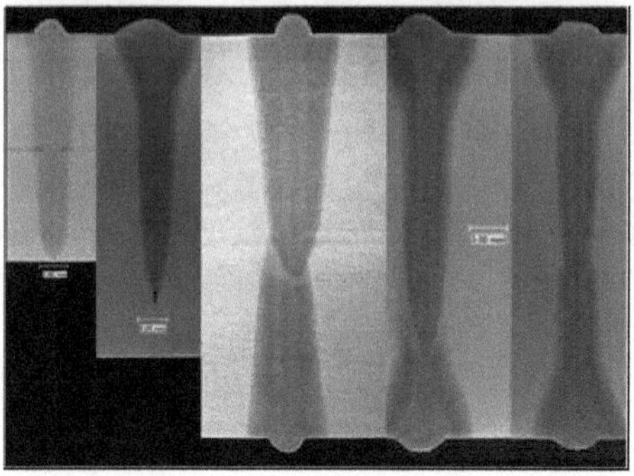

Bild 2-15: Vergleich von Schweißnähten, LaVa bei 4,165 mm/s (l.), EB mit 4,165 mm/s (m.), EB mit 6 mm/s (r.), Blechdicke 50 mm

Die hier vorgestellten Untersuchungen zeigen das enorme Potenzial des Laserstrahlschweißens unter Vakuum. Obwohl momentan noch nicht die Schweißtiefen bei gleicher Strahlleistung wie beim Elektronenstrahl erreicht werden, bietet diese Verfahrensvariante doch einige Vorteile:

Durch den im Vergleich zum Elektronenstrahl höheren möglichen Druck ist das Schweißen in Großkammern vergleichsweise einfach, da geringere Pumpenleistung benötigt wird, ebenso verringern sich die Pumpzeiten enorm. Ein weiterer Vorteil ist der leichtere Schweißkopf (15 kg versus 250 kg Strahlerzeuger), der in einer Vakuumkammer einfacher zu handhaben ist. Der größte Vorteil ist jedoch, dass die Bauteile nicht mehr wie beim Elektronenstrahlschweißen entmagnetisiert werden müssen, ferner ist eine induktive Vorwärmung (auch während des Schweißprozesses) möglich.

Laserstrahlschweißen unter mobilem Vakuum

Aufgrund der erzielten Ergebnisse liegt es nahe, mobile Vakua zu erzeugen. Bild 2-16 zeigt den Versuchsaufbau des am ISF entwickelten mobilen Vakuumsystems, welches in die Arbeitsstation eines 16 kW Scheibenlasers integriert wurde.

Bild 2-16: Mobiles Vakuumsystem für das Laserstrahlschweißen

Mit diesem System wurde bei 50 hPa und einer Geschwindigkeit von 4,125 mm/s geschweißt. Bild 2-17 links zeigt den Querschliff einer Einschweißung mit 12 kW Strahlleistung (Einschweißtiefe ca. 35 mm), rechts einen Längsschliff mit 16 kW Strahlleistung.

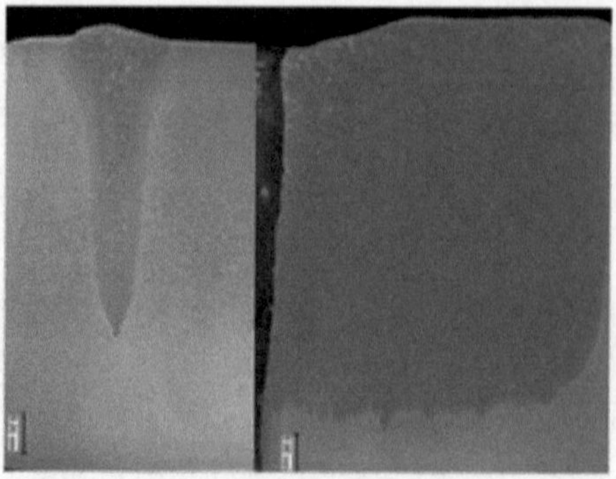

Bild 2-17: Mobiles Vakuum Querschliff bei 12 kW(l.), Längsschliff bei 16 kW (r.)

Ferner ist hier zu erkennen, dass trotz des geringen Spikings keine Porosität vorhanden ist. Ziel zukünftiger Forschungsarbeiten am ISF ist es nun, dieses System für anwendungsnahe Aufgabenstellungen zu erproben.

2.5 Entwicklung der 3D-Drucktechnologie und Potenziale für die Anwendung im Mittelstand

Prof. Dr.-Ing. Andreas Gebhardt

Hochleistungsverfahren der Fertigungstechnik und Rapid Prototyping,

Fachbereich Maschinenbau und Mechatronik, Fachhochschule Aachen

Es ist 1991, zwei Jahre nach der „Stunde Null" der Generativen Fertigungsverfahren, die 1989 auf der Autofact in Detroit vorgestellt worden waren. Handys heißen zu Recht Quasselbrikett, die Digitalfotographie ist gerade geboren, Computer sind groß, schwer und teuer und Laser haben begonnen, als Werkzeug in die Fertigung einzugreifen.

Das aus der FH Aachen ausgegründete Laser Bearbeitungs- und Beratungszentrum NRW GmbH (LBBZ) eröffnet erstmals auch kleinen und mittleren Unternehmen den Zugang zu dieser neuen Technik. Es war gelungen, von Privatleuten und Unternehmern ein Stammkapital von 500.000 DM einzuwerben und flankiert von einer Förderung des Landes NRW diese im wahrsten Sinne des Wortes Transferstation für neue Verfahren in der Fertigungstechnik zu etablieren.

Die neue Technik forderte alle Beteiligten und in dieser Situation war es überhaupt nicht naheliegend, der Einladung des Leiters des Technologietransfers der FH Aachen zu folgen und mit ihm nach Lüttich zum Centre de recherche scientifique et technique de l'industrie des fabrications métalliques (CRIF), dem Forschungszentrum der belgischen Stahlindustrie, zu fahren, um sich dort eine Maschine anzusehen, die aus dem Nichts Gegenstände zaubern konnte.

So jedenfalls wirkte es, als Thery Dormal seinen Stereolithography Apparatus vorstellte, eine frisch aus den USA importierte SLA 250 von 3D Systems. Man sah in einem mit transluzentem bernsteinfarbenem Harz gefüllten Behälter eine gelochte Plattform aufsteigen und das Bauteil, das auf ihr über Stunden gewachsen war, erschien in wenigen Sekunden vor unseren Augen. Diese Technologie nannte man Rapid Prototyping.

„It`s a kind of magic"; anders konnte man das nicht bezeichnen. Diese Maschine hatte ihre Betrachter in den Bann geschlagen. Kaum zu Hause, wurde den Kollegen der FH Aachen in einem detaillierten Bericht über die neue Technologie berichtet und die Begeisterung so weitergetragen.

Dass man nur die absolute Endphase eines stundenlang Schicht für Schicht aufgebauten Bauteils gesehen hatte und dass vor diesem langen Prozess ein zu dieser Zeit noch sehr aufwändiger 3D-CAD-Konstruktionsprozess stehen musste, wurde erst im Laufe der weiteren Recherchen klar. Und auch, dass eine solche Maschine – für die es auch nicht ansatzweise einen belastbaren Markt gab – 350.000 DM kosten sollte und dabei eine umfangreiche Infrastruktur mit Kammern zum Nachvernetzen, Reinigungsstation und Bereichen zum Finishen verlangte. Ergo: Die Maschine war ein Traum und würde für die FH Aachen ein Traum bleiben.

Zu allem Übel verfügte diese Maschine über einen HeCd-Laser, für den es nur 1500 Stunden Gewährleistung gab und der 30.000 DM im Austausch kostete.

Laser? Laser!. Hieß ein Spin-Off der FH Aachen nicht Laser Bearbeitungs- und Beratungszentrum NRW? War es nicht Auftrag der FH Aachen, kleinen und mittleren Unternehmen neueste Technologien näher zu bringen?

Es war und ist die Gabe von Johannes, Menschen zu überzeugen und so gelang es vor allem ihm, die immerhin zehn Gesellschafter für das Projekt einzunehmen und somit anstelle einer im Businessplan vorgesehenen Laseranlage diese neuartige ebenfalls mit einem Laser ausgestattete Maschine anzuschaffen.

An dieser Stelle sei ein Exkurs gestattet: Die brandneue Maschine, von der es weltweit nur ein paar Exemplare gab, konnten gebraucht erworben werden. Wie das möglich war? Ein Konzernmanager, ebenfalls sehr begeisterungsfähig, hatte die Neuerscheinung auf der Autofact gesehen und spontan gekauft. In seiner Organisation erwartete er ebenfalls Begeisterung, musste aber feststellen, dass er seine Kollegen nicht gut genug kannte. Die vielen neuen Aufgaben, die mit diesem Geschenk einhergingen, spornten nicht an, sondern machten Angst.

So stand die Maschine zum Verkauf, bevor sie zeigen konnte, was in ihr steckte.

In Aachen ging man anders ans Werk. Im Rahmen der Kooperation FH Aachen – LBBZ wurde organisiert, dass die Maschine zur Inbetriebnahme und bis zum vollständigen Beherrschen des Prozesses in der Hochschule aufgestellt werden konnte. Mit dem Leiter der Schweißwerkstatt sowie einem weiteren Mitarbeiter der FH Aachen, einem ambitionierten Absolventen und einigen Mitarbeitern des LBBZ wurde dort ein Umfeld geschaffen, in dem innovative Ansätze gedeihen. Im stillen Kämmerlein, tatsächlich im Keller des Gebäudes Arndtstrasse, das damals noch zur FH gehörte, hat alles begonnen. Unglaubliche Berge von Floppy-Disks halfen, die kaum zu bewältigenden Datenmengen zu transportieren. Die Launen des lichtempfindlichen und wasserliebenden Acrylharzes der ersten Stunde bereiteten manch unliebsame Überraschung. Rückschläge und Erfolge blieben innerhalb der Gruppe der Beteiligten. Dieser Corps Geist einer verschwiegenen Gruppe motivierte.

Das Fehlen brauchbarer 3D-Daten und die angesichts kaum leistungsfähiger 3D-CAD-Programme aufwändige Konstruktion veranlassten dazu, nach Alternativen Datenquellen zu suchen. In dieser Zeit lag auch die Geburtsstunde der bildgebenden Verfahren in der Medizin. Computertomographen (CT) lieferten erstmalig brauchbare

Daten, die mit Spezialprogrammen zu vollständigen 3D-Datensätzen zusammengefügt konnten, die die Rekonstruktion besonderer Knochenstrukturen ermöglichten.

Es wurden Kontakte zum Universitätsklinikum Aachen intensiviert und so CT-Scans von Knochen, insbesondere von ganzen Schädeln, akquiriert. Mit Hilfe eines engagierten Doktoranden konnten grundsätzliche Arbeiten zur Abbildungsqualität der Scans und des Bauverfahrens der Maschine durchgeführt werden.

So wurde ein Anwendungsfeld erarbeitet, das erst Jahre später und mit der wachsenden Verbreitung des Rapid Prototypings zu einem der wichtigsten Geschäftsfelder der neuen Technologie werden sollte – die Medizin. Beispiel und Testobjekt war ein Schädel aus der Anatomie des Klinikums mit dem Arbeitsnamen „Franz-Ferdinand".

Klappern gehört zum Handwerk und so traute man sich nach den ersten Erfolgen doch ans Tageslicht. Auf dem "International Workshop on Stereolithography in Medicine" an der Universität Zürich wurde 1993 ein Vortrag mit dem Titel "Recent Experiences with the Stereolithographic Modelling of the "aachen cranium" gehalten.

Franz-Ferdinand schien den Beteiligten aus Aachen doch nicht angemessen für einen Weltkongress. Die Vorträge und Präsentationen fanden statt im MultiMedia Laboratory der ETH Zürich in der Winterthurerstrasse 190. Da die Datenaufbereitung in der ETH in der Rämistrasse 101 erfolgte, stellte in dieser Prä-Internet Zeit die Straßenbahn (Tram) Nr. 17 das Transportmittel für die Bandlaufwerke und Berge von Floppy-Disks, also die Daten-Straßenbahn, dar. Aachen Cranium war ein Erfolg und der Startpunkt für viele Schädelmodelle, die zur Unterstützung von schwierigen Operationen hergestellt wurden.

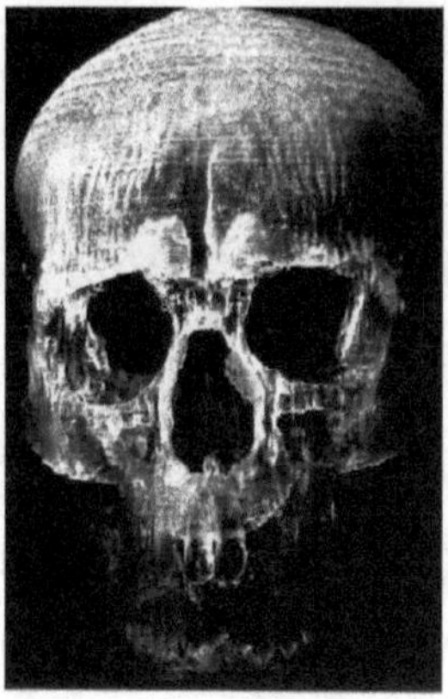

Bild 2-18: Aachen Cranium, Schädelmodell, Stereolithographie aus dem Jahre 1993

Die Anwendungen wurden vor allem an der Berliner Charité vorangetrieben und in den Folgejahren wurden zahlreiche sehr komplizierte Operationen begleitet. Das Verfahren ist heute Standard und hat in den vergangenen Jahren helfen können, Operationen zu verkürzen und Defekte kosmetisch zu optimieren.

Es bleiben aber die Spezialfälle: Erst im Frühjahr 2012 hat eines der größten Schädelimplantate überhaupt dem Ecuadorianer Napoleon nach einer Abstoßungsreaktion des eigenen Schädelkochens das sozialverträgliche Weiterleben und womöglich das Leben gerettet. Ihm hatte bei einem Unfall auf seiner Bananenplantage ein Kranhaken die linke Schädelkalotte zertrümmert und ihn so an die Bordwand seines Transporters geschleudert, dass auf der rechten Seite ein weiteres großes Loch entstanden ist. Die Erstversorgung musste aufgrund einer Entzündung entfernt werden und die Kopfhaut begann sich zurückzubilden, auf das Gehirn zu drücken und Defekte auszulösen, die das tägliche Leben des Patienten zunehmend beeinträchtigten.

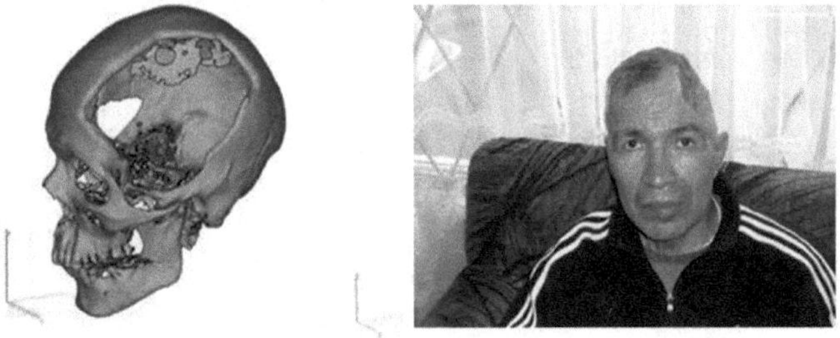

Bild 2-19: Schädelfraktur

Bei der Centrum für Prototypenbau GmbH (CP) in Erkelenz, die das Verfahren übernommen und kommerzialisiert hat, wurde ein Stereolithographie-Schädelmodell zur Anpassung eines Wachsimplantates hergestellt, daraus ein Titanimplantat abgeleitet und implantiert. Der Patient war nach ca. 6 Monaten und entsprechenden Rehabilitations-Maßnahmen wieder selbstständig lebensfähig und führt heute ein nicht eingeschränktes Leben.

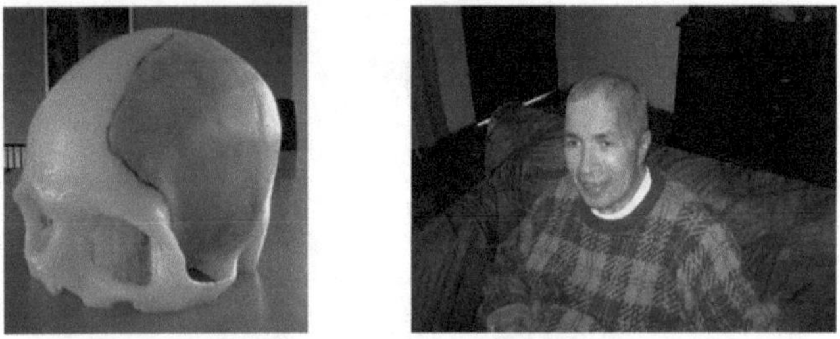

Bild 2-20: Sterelithographie-Schädelmodell mit Wachsimplantat

Ca. 25 Jahre später haben sich die Verfahren enorm weiterentwickelt. Die Maschinen sind leicht zu bedienen, Daten und ihr Transport sind keine großen Probleme mehr und eine große Palette an Werkstoffen erschließt Anwendungen in vielen Branchen.

Die Maschinen heißen heute in Anspielung an die 2D-Computerdrucker „3D-Drucker“ und können je nach System Anschauungsmodelle, aber auch Endprodukte wie Zähne oder Turbinenschaufeln herstellen.

An der FH Aachen wird exklusiv auch Silber verarbeitet. Die kleine Büste der Nofretete ist ca. 3 cm hoch und hat eine Wandstärke von 0,5 mm.

Bild 2-21: 3D-Druckmodell aus Silber

Analysten sprechen beim 3D-Druck von einer nächsten Industriellen Revolution, weil die direkte Fertigung von Einzelstücken völlig neue Produktionsstrategien ermöglicht. Kostenintensive werkzeugabhängige Fertigung zwingt nicht länger zu großen Serien und deren Vermarktung. Die Herstellung kundenindividueller Produkte und ihre dezentrale Fertigung gewinnen an Bedeutung.

Der Mittelstand gewinnt neue Perspektiven – ganz im Sinne von Johannes Gartzen.

2.6 Anwendungsorientierte Forschung in Oberschwaben am Beispiel maritimer Elektromobilität

Prof. Dr.-Ing. Tim J. Nosper

Fachgebiet Mechatronik im Kraftfahrzeug

Hochschule Ravensburg-Weingarten

Die Region Bodensee-Oberschwaben liegt im Südosten Baden-Württembergs und hat eine Flächengröße von 3.500 km² (etwa 10% Flächenanteil an Baden-Württemberg). Im Jahr 2011 wohnten in der Region Bodensee-Oberschwaben 617.675 Einwohner (6% Bevölkerungsanteil an Baden-Württemberg). Die Bevölkerungsdichte ist mit 176 Einwohnern pro km² im Vergleich zu Baden-Württemberg mit im Durchschnitt 301 Ew./km² eher niedrig. In den dichter besiedelten Ballungsgebieten wie dem Bodenseekreis liegt sie über dem Durchschnitt Baden-Württembergs.

Die fünf größten Städte in der Region sind Friedrichshafen (59.286 Einwohner), Ravensburg (49.929 Ew.), Wangen (27.463 Ew.), Weingarten (24.233 Ew.) und Überlingen (22.086 Ew.).

In der Region sind zahlreiche Hochschulen beheimatet: die Hochschule Ravensburg-Weingarten, die Zeppelin-University in Friedrichshafen, die Hochschule Albstadt-Sigmaringen, die Duale Hochschule Baden-Württemberg in Ravensburg, die Pädagogische Hochschule Weingarten, die naturwissenschaftlich-technische Akademie Hochschule in Isny und die Zweigstelle der Württembergische Verwaltungs- und Wirtschaftsakademie in Ravensburg.

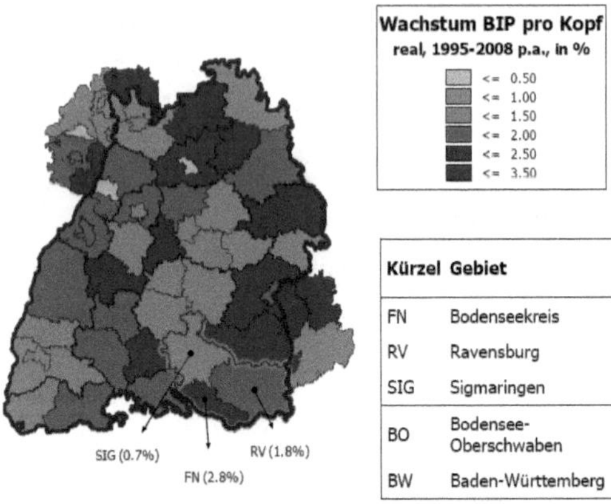

Kürzel	Gebiet	Bev.	Bev.-Anteil	BIP	BIP-Anteil	BIP p.c.
FN	Bodenseekreis	208	34%	7'600	37%	36'500
RV	Ravensburg	277	45%	9'100	44%	33'000
SIG	Sigmaringen	132	21%	3'900	19%	29'400
BO	Bodensee-Oberschwaben	616	6%	20'600	6%	33'400
BW	Baden-Württemberg	10'750	-	367'700	-	34'200

Bevölkerung (Bev.) in Tausend; BIP in Mio. Euro, BIP pro Kopf (BIP p.c.) in Euro; alle Werte für 2008; Anteile beziehen sich jeweils auf die nächst höhere Regionen-Ebene (Region resp. Baden-Württemberg)
Quelle: BAKBASEL

Bild 2-22: Die Region Bodensee-Oberschwaben im Überblick

Die Region Bodensee-Oberschwaben steht im Jahr 2008 für rund 6% der Bevölkerung und Wirtschaftsleistung des Bundeslandes Baden-Württemberg. Das BIP pro Kopf der Region Bodensee-Oberschwaben expandierte im Zeitraum 1995-2008 durchschnittlich um 1,9% pro Jahr und stieg damit stärker als in Baden-Württemberg (1,6%).

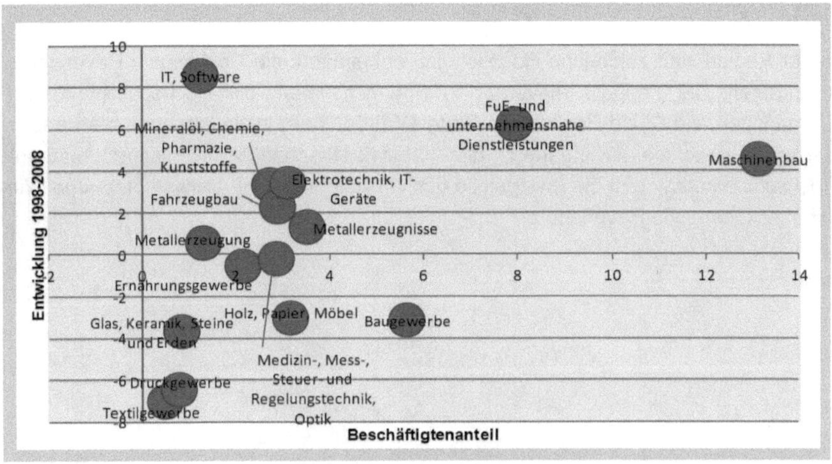

Bild 2-23: Anteil der Beschäftigten an den Beschäftigten insgesamt in ausgewählten Branchen nach WZ 2003 (in %) und Entwicklung, 1998-2008 (durchschnittliches jährliches Wachstum in %), Quelle: Bundesagentur für Arbeit

Der Branchenschwerpunkt in der Region Bodensee-Oberschwaben liegt eindeutig auf dem Maschinenbau. Im Maschinenbau waren 2008 fast 27.500 der insgesamt 209.000 sozialversicherungspflichtig Beschäftigten tätig. Dies entspricht wie in Bild 2-22 dargestellt einem Anteil von 13,1% an den Beschäftigten insgesamt. Auf FuE und unternehmensnahe Dienstleistungen (Bild 2-23) entfallen 8% der Beschäftigten (16.600) gefolgt vom Baugewerbe mit einem Anteil von 5,7% (11.800).

Viele Innovationen im eher ländlichen Oberschwaben entstehen aus Kooperationen von Hochschulen mit kleineren und mittleren Unternehmen (kmU). Beispielhaft genannt sei hier die Kooperation der Fakultät Maschinenbau der Hochschule Ravensburg-Weingarten mit der AMK Automotive GmbH aus Kirchheim.

Die räumliche Nähe der Hochschule zum Bodensee sowie die Erfahrungen der AMK Automotive GmbH im Bereich der Elektromotoren ließen die Idee aufkommen, in einem gemeinsamen Projekt ein kostengünstiges Freizeitelektroboot für die Binnengewässer Europas zu bauen.

Im Zeitalter ständig steigender Umweltbelastungen bleibt auch der Wassersport von drastischen Emissionsabsenkungsforderungen nicht verschont. Insbesondere auf Binnengewässern wie dem Bodensee, das als Naturschutz- und Erholungsgebiet sowie Trinkwasserreservoir für die Region Stuttgart dient, gelten strenge Umweltauflagen für den Wassersport. Dennoch werden Anwohner oder Urlauber in Ufernähe oft durch Emissionen aus Abgasen und insbesondere Schall beeinträchtigt.

Zunächst wurden in einem Lastenheft gemeinsam die Anforderungen an das zukünftige Boot formuliert und die Aufgabenfelder genau abgestimmt. Das Boot sollte an der Hochschule entworfen und aufgebaut werden. Schnell wurde klar, dass man beim Bootsrumpf mit all seinen Aufbauten auf eine vorhandene kostengünstige Technologie zurückgreifen muss und nur den Ein-/Umbau auf den Elektroantrieb gemeinsam realisieren wollte.

Die Anforderungen an das Gesamtkonzept wurden wie folgt formuliert:

- Leichtbau: Das Gesamtgewicht des Bootes inkl. Anhänger muss unter 2 Tonnen liegen, damit es noch von einem normalen PKW gezogen werden kann.
- Akzeptable Reichweite: Eine Seeüberquerung an der breitesten Stelle muss problemlos möglich sein (Hin- und Rückfahrt).
- Geeignet für Kleinserienfertigung: Durch modularen Aufbau kann der Antrieb in alle gängigen Boote integriert werden.
- Neueste Sicherheitstechnik: Gängige Richtlinien/Gesetze im Umgang mit Hochvoltsystemen müssen erfüllt sein.
- Performance: Die zulässige Höchstgeschwindigkeit des Bodensees (40km/h) muss erreicht werden. Wassersportarten wie Wakeboarden und Wasserskilaufen müssen möglich sein.

- Emissionen: Es sollte kein Range Extender mit Verbrennungsmotor zum Einsatz kommen. Der Elektroantrieb muss extrem leise und vibrationsfrei arbeiten.

Bild 2-24: Das verwendete Boot vom Typ COBRA 2050 Elegance von Seagull

Nach zwei gemeinsamen Jahren Entwicklungszeit sowie Testfahrten auf dem Bodensee erhielt das Boot im Jahr 2011 die Bodenseezulassung. Die gesteckten Entwicklungsziele wurden alle erreicht. Neben den technischen Eigenschaften zeichnet sich die „Sound of Silence“ auch durch ein optisch ansprechendes Design sowohl in der Gestaltung des Bordbereichs als auch der Gestaltung der technischen Instrumente aus, wie aus Bild 2-25 ersichtlich.

Bild 2-25: Schlupfkabine mit moderner LED-Beleuchtung (links) sowie Visualisierung mittels Bord-PC (rechts)

Im Moment ist die „Sound of Silence“ das schnellste Elektroboot auf dem Bodensee mit 50 km/h. Sie wurde komplett nach den Richtlinien der "BGI 8686 - Hochvolt-Systeme in Fahrzeugen" umgesetzt.

2.7 Fügen für die Elektromobilität

Dr.-Ing. Markus Schleser

Institut für Schweißtechnik und Fügetechnik (ISF), RWTH Aachen

Oberingenieur Abteilung Wärmearme Fügetechniken

Einleitung

Die Automobilindustrie befindet sich im Wandel. Die angestrebte Minimierung von Emissionen und der Ersatz fossiler Energieträger führten zu massiven Entwicklungsanstrengungen im Bereich von Fahrzeugen mit elektrifizierten oder teilelektrifizierten Antrieben.

Um die Steigerung der Akzeptanz von Elektrofahrzeugen beim Endkunden zu erhöhen, stehen neben Fragen der Infrastruktur derzeit zwei zentrale Aspekte im Vordergrund: Erstens die Reduzierung der bislang hohen Anschaffungskosten vor dem Hintergrund geringer Fahrzeugstückzahlen und hoher Batteriekosten bei begrenzter Lebensdauer sowie zweitens die Reichweitenerhöhung der Elektrofahrzeuge vor dem Hintergrund des hohen Batteriegewichtes bei im Vergleich zu konventionellen Verbrennungsmotoren geringer Energiedichte.

Es gilt somit einerseits, die Entwicklung preiswerter, leistungsfähiger und dauerhafter Batterien voranzutreiben und andererseits dem hohen Batteriegewicht einen konsequenten und kostengünstigen Leichtbau der gesamten Fahrzeugstruktur entgegenzusetzen, um das Gesamtfahrzeuggewicht zu senken und so die Reichweite zu erhöhen.

Die Bereitstellung geeigneter Fügetechniken ist dabei ein wichtiger Schlüssel zur Herstellung leichtbaugerechter Karosserien, häufig in Materialmischbauweise. Sie entscheidet dabei sogar häufig über deren grundsätzliche Machbarkeit. Vornehmliche Herausforderung für die Fügetechnik ist es, aus der Vielzahl grundsätzlich verfügbarer Fügeverfahren diejenigen zu identifizieren, die erstens eine grundsätzliche technische Machbarkeit ermöglichen, die zweitens den wirtschaftlichen und technischen Randbedingungen der Elektromobilfertigung genügen und drittens die identifizierten und favorisierten Fügeverfahren für die Anforderungen eines spezifischen Fertigungsszenarios zu qualifizieren. Dabei verlangen vor allem die im Vergleich zur automobilen Großserienproduktion geringen Stückzahlen eine Anpassung konventionell etablierter Fügeprozesse und -strategien.

Weitere wichtige Fragestellungen für die Fügetechnik ergeben sich aus der Fertigung der Batterie selbst und insbesondere aus deren Integration in das Gesamtfahrzeug. Hier stehen fügetechnisch anspruchsvolle Verbindungen aus Aluminium, Kupfer und vernickelten Materialien im Vordergrund. Diese Verbindungen müssen sowohl den mechanischen als auch den elektrischen Anforderungen genügen.

Das Institut für Schweißtechnik und Fügetechnik an der RWTH Aachen bearbeitet diese Fragenstellungen in zahlreichen Projekten gemeinsam mit Partnern aus Industrie und Forschung, so auch gemeinsam mit der FH Aachen. Im Folgenden wird der Beitrag der Fügetechnik zum Themenfeld Karosserie anhand aktueller verfahrenstechnischer Entwicklungen diskutiert.

Leichtbau- und stückzahlgerechte Fügetechnik

Bereits heutzutage sind Leichtbaulösungen im Fahrzeugbau durch einen zunehmenden Materialmix charakterisiert. Es werden neben konventionellen Tiefziehstählen vermehrt auch höher- und höchstfeste Stahlgüten sowie Aluminium und Kunststoffe eingesetzt, letztere oft faserverstärkt. Dabei wird der Grundsatz verfolgt: „Das richtige Material an der richtigen Stelle". Dieser Trend wird sich bei Elektrofahrzeugen fortsetzen, da hier aufgrund der begrenzten Reichweite mit aktueller Batterietechnik ein besonders hoher Leichtbaubedarf gegeben ist. Eine Schlüsselrolle bei der Integration unterschiedlicher Materialien in eine Multimaterialstruktur spielt die Bereitstellung leistungsfähiger Fügetechniken. Neben der Frage nach dem geeigneten Materialmix ist auch die grundsätzliche Bauweise der Karosserie zu betrachten.

Die dominierende Karosseriebauweise der letzten Jahrzehnte ist die sogenannte Schalenbauweise. Hierbei werden Bleche mittels Pressen in karosseriespezifische Geometrien umgeformt und anschließend mittels Widerstandspunktschweißen bzw. in Kombination mit der Klebtechnik mittels Widerstandspunktschweißkleben gefügt. Aufgrund der kostenintensiven Presswerkzeuge ist die Schalenbauweise erst ab hohen Stückzahlen wirtschaftlich. Daneben haben sich profilintensive Space-Frame-Bauweisen etabliert, die besonders hohe Gewichtseinsparungen bei gleichzeitig hoher Verwindungssteifigkeit ermöglichen. Diese lassen sich auch ohne kostenintensive Presswerkzeuge vergleichsweise einfach in kleineren Stückzahlen aufbauen.

Für die aktuell prognostizierten Stückzahlen eines Elektrofahrzeuges ist eine profilintensive Bauweise, bevorzugt auf Basis von kostengünstigen Standardprofilen, häufig zweckmäßig. Dies gilt insbesondere für die Entwicklung von Prototypenfahrzeugen, deren Konstruktion und Herstellprozesse dann im weiteren Entwicklungsprozess für höheren Stückzahlen skaliert werden. Ein eindrucksvolles Beispiel hierfür ist der im Umfeld der RWTH Aachen entwickelte StreetScooter. Daneben existieren zahlreiche andere Beispiele die durch den Einsatz anspruchsvoller Materialien, z.T. in Materialmischbauweise gekennzeichnet sind. Im Projekt Light-eBody entwickelt das ISF gemeinsam mit zahlreichen Partnern aus Industrie und Forschung eine Karosserie für ein Elektrofahrzeug, welche den beiden beschriebenen Anforderungen Multimaterialleichtbau und Profilbauweise Rechnung trägt. Eine Tragstruktur aus höchstfesten

Stahlprofilen wird mit extrem dünnwandigen Blechen ebenfalls aus höchstfesten Stählen oder alternativ mit Aluminiumblechen beplankt.

Im Folgenden werden exemplarisch einige aktuelle fügetechnische Entwicklungen mit hohem Potenzial für die beschriebenen Randbedingungen der Elektromobilproduktion dargestellt.

Der Prozess des Widerstandspunktschweißens ermöglicht das schnelle und kostengünstige Setzen von Fügepunkten bei vergleichsweise geringer Wärmeeinbringung. Standardmäßig ist eine zweiseitige Zugänglichkeit notwendig. Derzeit wird am ISF das einseitige Widerstandspunktschweißen und Widerstandspunktschweißkleben von Blech-Profilkombinationen aus höchstfesten Stählen qualifiziert, um das Verfahren für profilintensive Bauweisen zu erschließen.

Bild 2-26 zeigt die grundsätzlichen Einsatzmöglichkeiten sowie die Verbindung aus dünnwandigem Blech aus 22MnB5 mit einem Rohrprofil aus dem gleichen Werkstoff.

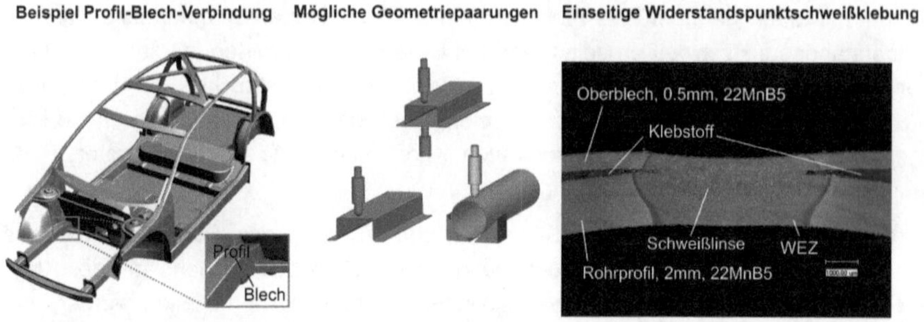

Bild 2-26: Einseitiges Widerstandspunktschweißkleben

Lichtbogenschweißverfahren weisen eine hohe Flexibilität und Geometriefreiheit auf. So können Bleche und Profile in nahezu allen Stoßarten und Schweißpositionen bei gutem Toleranzausgleich miteinander gefügt werden. Gleichzeitig weisen sie eine gute Skalierbarkeit von der manuellen Fertigung bis hin zur Großserie bei vergleichsweise geringen Investitionen auf. Aufgrund dieser verfahrensspezifischen Vorteile sind Lichtbogenschweißverfahren grundsätzlich sehr gut geeignet für die vorrichtungsarme Fertigung von Karosserien im kleineren und mittleren Stückzahlbereich.

Mit modernen geregelten Kurzlichtbögen ist es dabei heutzutage sogar möglich, Aluminium und Stahl stoffschlüssig miteinander zu verbinden. Dies war bis vor wenigen Jahren noch undenkbar. Durch die definiert gesteuerte Wärmeeinbringung wird das Material aluminiumseitig aufgeschmolzen und stahlseitig nur benetzt. So wird die Bildung intermetallischer Phasen minimiert, die in der Vergangenheit sehr schlechte Verbindungseigenschaften zur Folge hatte. Bild 2-27 zeigt am ISF hergestellte Mischverbindungen mit guten Umformbarkeiten sowie guten Festigkeiten bis hin zum Versagen des niedrigfesteren Grundwerkstoffes.

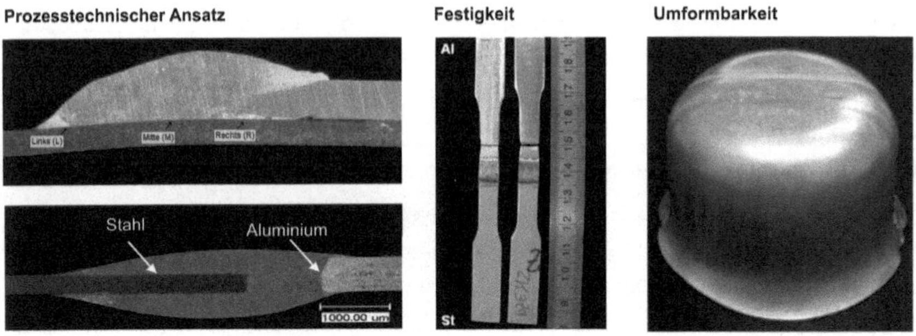

Bild 2-27: Lichtbogenschweißen von Stahl-Aluminium-Mischverbindungen

Werden zunehmend höherfeste Stähle eingesetzt, stoßen die Lichtbogenschweißverfahren an ihre Grenzen. Höherfeste Stähle besitzen in der Regel herstellungsseitig ein speziell eingestelltes Gefüge und dadurch gute mechanische Eigenschaften, die durch hohe Wärmeeinbringung zerstört würden. Aus diesem Grund ist es erforderlich, Verfahren mit relativ geringem Wärmeeintrag einzusetzen. Neben dem bereits erwähnten Widerstandspunktschweißen seien hier das Laserstrahlschweißen mit sehr fokussierter Wärmeeinbringung, das Rührreibschweißen oder die Klebtechnik genannt. Diese Verfahren müssen dabei gerade im Themengebiet Elektromobilität häufig an die speziellen Randbedingungen einer konkreten Konstruktion und eines konkreten Fertigungsszenarios angepasst werden.

Exemplarisch sei hier die am ISF entwickelte Variante des Rührreibschweißens BondWeld genannt. Durch die Kombination des Rührreibschweißens mit der Klebtechnik konnte der Aufwand an mechanischen Vorrichtungen minimiert werden, um das Verfahren für kleine Stückzahlen und die Prototypenentwicklung wirtschaftlich nutzbar zu machen, Bild 2-28. Auch mit diesem Verfahren wird zunehmend das stoffschlüssige Fügen von Mischverbindungen beispielsweise aus Stahl und Aluminium erschlossen.

Zukünftig werden Fügetechnologien für Metall-Kunststoffverbindungen weiter an Bedeutung gewinnen. Beispielsweise um Bauteile aus faserverstärkten Kunststoffen an vorhandene metallische Strukturen anzubinden. Ein prädestiniertes Fügeverfahren hierfür ist die Klebtechnik, die es erlaubt, die Materialkombination wärmearm und stoffschlüssig zu verbinden sowie die auftretenden Belastungen flächig in der Fügestelle zu übertragen.

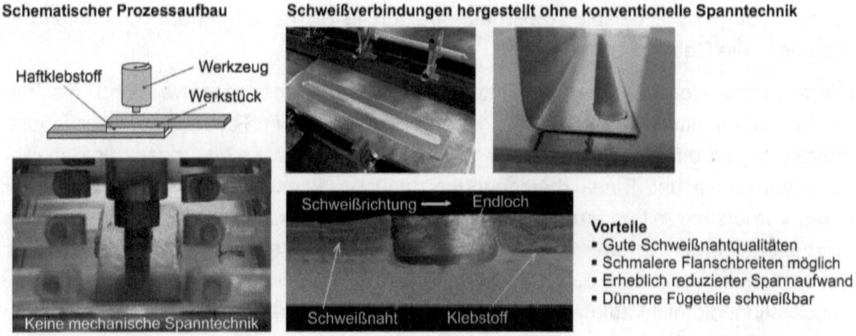

Bild 2-28: BondWeld – Haftkleben als Spanntechnik für das Rührreibschweißen

Um dem Bedarf nach einer Minimierung des Oberflächenvorbehandlungsaufwandes und einer Reduzierung der Fertigungszeiten Rechnung zu tragen, wird derzeit das thermische Direktfügen intensiv untersucht. Durch die Anwendung von Wärme und Druck können faserverstärkte Kunststoffe mit thermoplastischer, d.h. schmelzbarer, Matrix direkt an metallische Strukturen angebunden werden. Bild 2-29 zeigt einen am ISF entwickelten Prototypen auf Basis der Anlagentechnik aus dem Widerstandsschweißen (Stromquelle zur Widerstandserwärmung und Krafterzeugungssystem). Mit diesem ist es möglich, Metall-Kunststoffverbindungen ähnlich dem Widerstandspunktschweißen von Blechen zu fügen.

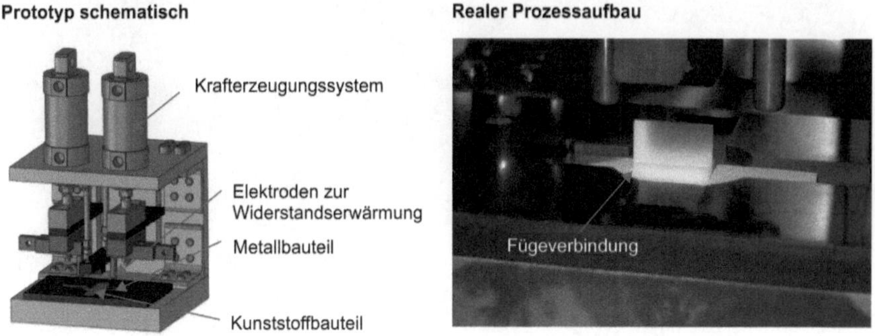

Bild 2-29: Thermisches Direktfügen von Metall-Kunststoff-Verbindungen

Die gezeigten Beispiele verdeutlichen, dass die Fügetechnik einen wichtigen Beitrag zur Fertigung von Leichtbaustrukturen unter den Randbedingungen der Elektromobilproduktion liefern kann. Die Fügeverfahren müssen dabei jeweils an die spezifischen Randbedingungen angepasst werden. In der Regel sind dies produktionstechnische Anforderungen (Minimierung von Vorrichtungen, skalierbare Fügeverfahren), konstruktionsbedingte Anforderungen (Toleranzausgleich, Zugänglichkeit, hoher geometrischer Freiheitsgrad) sowie Werkstoffbedingte Anforderungen (höchstfeste Stähle, Leichtbauwerkstoffe, Mischbauweisen). Daneben ergeben sich weitere spezifische

Fragestellungen wie beispielsweise die strukturelle Sicherheit bei der Integration der Batterie in die Gesamtstruktur.

Mit den Herausforderungen aus Batterietechnik und Karosserieentwicklung beschäftigt sich das Institut für Schweißtechnik und Fügetechnik im Rahmen diverser Industrieprojekte und öffentlich geförderter Projekte. Fügetechnische Lösungen, die den realen Produktions- und Einsatzbedingungen genügen, können dabei nur auf Basis der guten Vernetzung mit anderen Instituten der RWTH sowie der FH Aachen gemeinsam erarbeitet werden. Darüber hinaus wird das Team der wissenschaftlichen Mitarbeiter des Institutes regelmäßig durch Absolventen der FH Aachen verstärkt. Für diese gute Kooperation, die nicht zuletzt Prof. Gartzen und seinem Team zu verdanken ist, sei an dieser Stelle ausdrücklich gedankt.

3 Innovation

Im vorliegenden Kapitel werden mittelständische Innovationsprozesse und erfolgreich entwickelte Innovationen beschrieben. Mittelständische Unternehmer erläutern, wie langfristige und erfolgreiche Kooperationen mit der Hochschule zu gestalten sind, um marktfähige Innovationen hervorzubringen. Hierbei wird insbesondere auf die Instrumente und Methoden zur Schnittstellengestaltung zwischen Hochschule und Unternehmen eingegangen. Abgerundet wird diese Betrachtung der Innovationsprozesse durch die Vorstellung des Technologiezentrums Jülich als Intermediär zwischen Wirtschaft und Wissenschaft. Mit dem LACID™-Verfahren, dem Kegelringgetriebe und dem Sicherheitsfenster Secure V-Tec werden erfolgreich vermarktete Prozess- und Produktinnovationen aus der Region Aachen vorgestellt. Das Kapitel schließt mit der Beschreibung eines online-Marktplatzes zur Vermarktung von Erfindungen, die zukünftig als Innovationen Eingang in Märkte finden.

3.1 Innovation als Synthese von Markt, Unternehmen und Forschung

Dr. Johann Rinnhofer

Honorarprofessor an der Montanuniversität Leoben, Österreich

Ich habe Johannes Gartzen in meiner Funktion als Vorsitzender der Geschäftsführung der Otto Junker GmbH, Simmerath, kennengelernt und als Kooperationspartner mit ihm und seinen Studenten zusammengearbeitet. Aus professioneller Sicht waren die Ergebnisse bei den Projektarbeiten stets positiv und für das Unternehmen verwertbar. Aus persönlicher Sicht war der Kontakt mit Johannes Gartzen immer von großer Sympathie geprägt.

Viele Studenten konnten auf Basis Ihrer Studien- und Diplomarbeiten, die stets an konkreten unternehmerischen und technischen Fragestellungen orientiert waren, den Einstieg in ihr Berufsleben finden. Der unmittelbare Vorteil dieser Form des Übergangs vom Studenten zum angestellten Ingenieur ist auf beiden Seiten gegeben: Als Studierender lernt man das Thema, das Unternehmen und die beteiligten Personen anhand eines konkreten Projektes besser kennen und weiß mehr, bevor man sich an ein Unternehmen bindet, kann die fachlichen Zusammenhänge optimal beurteilen. Aus der Sicht des Unternehmens wird auf diesem Wege zukünftiges Fachpersonal frühzeitig gebunden und die Basis für dessen Weiterentwicklung gelegt – ein wesentliches Kriterium zu Zeiten des stärker werdenden Fachkräftemangels.

Die außerordentlich große quantitative Bedeutung der kleineren und mittleren Unternehmen für den Umfang der Beschäftigung und des Bruttoinlandsproduktes kann man in den einschlägigen Statistiken nachlesen. Johannes Gartzen hat seine Aktivitäten in das Zeichen dieser Unternehmen gestellt und angewandte Forschung gelebt. Denn auch Innovationen finden Ihren Ursprung oft in diesen Unternehmen, in denen der wahre „Geist des Unternehmers" steckt, in denen Führung und Risikotragung in der Person des Gesellschafters und des Geschäftsführers oft eine Einheit darstellen. Manche davon sind wahre Pionierunternehmen, mit völlig neuen Produkten und hohen Alleinstellungsmerkmalen. Die Manager dieser Kategorie von Unternehmen verfügen über ein tiefes Wissen der fachlichen Zusammenhänge und der Bedürfnisse der Abnehmer sowie der Voraussetzungen des Umfeldes.

Die Nähe zum Problem, das fachliche Verständnis der Produkte, Prozesse und Dienstleistungen, die im Unternehmen oder von Unternehmen für Kunden erbracht werden, sind notwendige Voraussetzungen dafür, dass Neues, Besseres entstehen kann. Getrieben wird dieser Optimierungsvorgang durch diejenigen Personen, die über die entsprechende Motivation und Prädisposition verfügen, denn: Innovation kann man nicht anordnen, nicht bloß organisieren – sie fußt vielmehr auf dem schöpferischen Geist des Erfinders, der erfolgreichen technischen Realisierung einer Idee und deren Platzierung auf dem Markt.

Es stellt sich die Frage, welcher institutioneller und organisatorischer Voraussetzungen es bedarf, um solche Fähigkeiten und Persönlichkeiten hervorzubringen, zu entwickeln und zu fördern, damit diese als strategischer Faktor der Wirtschaft und Gesellschaft zur Verfügung stehen können. Dazu bedarf es der außerordentlichen Fähigkeit, Markt und Forschung zusammenbringen zu können.

Eine technische Hochschule leistet ihren Beitrag explizit durch Lehre und Forschung, ihr Output ist Personal und Wissen. Im Sinne der angewandten Forschung ist dazu auch die Anbindung zu den konkreten Aufgabenstellungen der Unternehmen in Form von auftragsgebundener Forschung unbedingt erforderlich. Die Fachhochschule Aachen hat es immer exzellent verstanden, die Kontakte zu den Entscheidungsträgern in den Unternehmen herzustellen und zu pflegen und die entsprechenden Kompetenzen der Fachbereiche sowie der Hochschule zu vermitteln.

Ein Unternehmen beschäftigt – letztlich aus Gewinninteresse heraus und weil es im Wettbewerb bestehen muss – qualifiziertes Personal mit der Intention, es längerfristig zu binden. Gerade im Anlagenbau ist oft jahrelange Erfahrung erforderlich, um ein Sachthema und das Verhalten der Marktteilnehmer im Rahmen einer Projektabwicklung in allen Facetten kennenzulernen. Dies ist alleine schon bedingt durch die Auftragsdurchlaufzeiten von oft mehreren Jahren, wenn man die Akquisitionsphase und die Realisierungsphase zusammen betrachtet.

Gerade kleinere und mittlere Unternehmen verfügen über keine eigene Entwicklungsabteilung – die technische Entwicklung wird auftragsgebunden, in Personalunion von jenen Mitarbeitern durchgeführt, die auch andere Linienfunktionen während der Projektabwicklung wahrnehmen. Dies liegt darin begründet, dass sich ein Unternehmen wegen des oft sehr großen finanziellen Umfanges eines Auftrages, einen „Versuch" betriebswirtschaftlich gar nicht leisten kann.

Entwicklung „on the job" hat den positiven Aspekt, dass die Organisation stets in die Fragen der Optimierung der Unternehmensleistung eingebunden ist. Ein kompetentes Management, das in der Lage ist, die am Leistungsprozess beteiligten Menschen zu motivieren und zu führen, ist hierfür die Voraussetzung. Diese Form der Entwicklung reicht oft nur für graduelle Verbesserungen mit beschränktem technischem Risiko. Der Nachteil ist hierbei, dass der Fokus auf die F&E-Fragen im Stress der Projektabwicklung verloren gehen kann. In der alltäglichen Praxis ist immer etwas anderes wichtiger. Der Interaktion mit Kunden, Lieferanten und den eigenen Unternehmensabteilungen im Sinne eines optimalen Projektfortganges wird meist der Vorzug gegeben. Ergebnisse in der Entwicklung können dann nur, wenn überhaupt, „am Rande" entstehen. In solchen Fällen bietet es sich an, Entwicklungsthemen von den üblichen betrieblichen Abläufen auszukoppeln. Entweder muss eine eigene Entwicklungsabteilung gegründet werden – die allerdings auch finanziert und geführt werden muss – oder eine projektweise Kooperation mit einer externen Forschungseinrichtung gesucht werden. Hier muss jedoch klar sein, dass Forschung und Entwicklung nicht „delegiert", nicht bloß „eingekauft" werden kann, sondern partnerschaftlich mit engster Anbindung der Forschungseinrichtung an das Unternehmen und mit Begleitung und Unterstützung durch das Management durchgeführt werden muss.

Durch seine Tätigkeit als Wissenschaftler, Ingenieur, Lehrer und Unternehmer ist Johannes Gartzen während seiner beruflichen Laufbahn an der FH Aachen, als Partner der Industrie ein Macher und Ermöglicher von Ausbildung und Innovation gewesen. Dafür und für die Art und Weise, wie er dies nicht nur auf der fachlichen sondern auch auf der menschlichen Seite vermitteln konnte, gebührt ihm höchste Anerkennung. Johannes Gartzen wird sein Wissen und seine Kreativität auch weiterhin der Wirtschaft und der Wissenschaft zur Verfügung stellen, diesbezüglich bin ich mir sicher und ich bin gespannt auf seine Aktivitäten im Ruhestand.

3.2 Innovationsprozesse im Mittelstand

Dipl.-Ing. Alexander Houben, MBA, SFI
Geschäftsführer
JHT Jakobs-Houben Technologie GmbH

Dipl.-Ing. Harald Rieper, MBA, SFI
Prokurist/Leiter Forschung und Entwicklung
JHT Jakobs-Houben Technologie GmbH

Im weltweiten Wettbewerb ist die Innovationsfähigkeit von zentraler Bedeutung. Die aktuelle Marktlage motiviert neben den global auftretenden Firmen auch insbesondere den deutschen Mittelstand, stetig und kontinuierlich Prozesse zu verbessern. Während „Global Player" ganze Abteilungen und Stäbe für diesbezügliche Aufgaben zur Verfügung stellen, muss die Innovation der kleineren und mittleren Unternehmen (kmU) aus eigener Kraft respektive aus dem aktuellen Tagesgeschäft heraus erfolgen. Strategische Innovationen erfolgen bei dieser Unternehmensgröße durch die Zusammenarbeit zwischen Hochschule und Industrie. Diese Kooperationen beruhen auf dem Prinzip der Gegenseitigkeit:

Auf der einen Seite bereitet die ingenieurwissenschaftlich ausbildende Hochschule ihre Absolventen auf die Berufstätigkeit vor und liefert hoch qualifizierte, dynamische Mitarbeiter an den Arbeitsmarkt. Dort wird das breit gefächerte Basiswissen durch Branchenspezialkenntnisse vertieft, sodass die Absolventen im Unternehmen zu Experten ausgebildet werden. Auf der anderen Seite bietet sich den Unternehmen die Möglichkeit, über Gastdozenten ihre Kenntnisse und ihren Praxisbezug direkt in die Lehre einfließen zu lassen. Die Studierenden erhalten so die Gelegenheit, die erworbenen theoretischen Kenntnisse auf konkrete praktische Fragestellungen anzuwenden.

Heutige Aufgabenstellungen im Ingenieurwesen bestehen darin, komplexe Vorgänge innerhalb kurzer Zeit nach technischer Machbarkeit, rechtlichen Situationen und nicht zuletzt nach Zeit- und Kostenfaktoren bewerten zu können. Dies setzt die Absolventen vor die Problematik, auf einen Erfahrungsschatz zugreifen zu müssen, der aber bei einem Berufseinsteiger nicht vorliegen kann. Hier zeigt sich, dass eine gesunde Teambildung aus Menschen mit Erfahrung sowie Einsteigern erfolgreich ist. Insofern behält der Innovationsprozess im Mittelstand seine Dynamik, indem das langjährige Fachwissen der älteren Kolleginnen und Kollegen auf junge Menschen trifft, die einen unverstellten Blick auf Prozesse, Ereignisse und Arbeitsschritte mit sich bringen. Durch die Einarbeitung und kritische Hinterfragung können alte, bereits eingefahrene Prozesse beleuchtet und neu bewertet werden. Insofern stellt die Neueinstellung von Absolventen durch deren grundlegendes Streben nach neuen Wegen eine wichtige Grundlage für den Innovationsprozess dar.

Schnittstellen der Unternehmen zur Wissenschaft

Die Literatur unterscheidet bis zu sechs verschiedene Transferformen wissenschaftlicher Erkenntnisse in die Wirtschaft: Beispielsweise [Janschek 1998] kategorisiert in die direkte und die indirekte Übertragung aus der Wissenschaft. Zu den indirekten Verfahren werden auf Wissen basierende und auf Kommunikation basierende Verfahren zusammengefasst. Die direkten Verfahren umfassen Transfer auf Basis von Know-how, von geistigem Eigentum und aus dem Netzwerk heraus. Als Hybrid zwischen direkten und indirekten Verfahren wird der Wissenstransfer einer Hochschule als Dienstleister definiert. Unter auf Wissen basierende Transferverfahren ist die Durchführung von Abschlussarbeiten zu verstehen, während auf Know-how basierende Verfahren die Bündelung von Fachwissen zu einer spezifischen Lösungskompetenz zusammenfasst. Übertragung von Wissen über geistiges Eigentum umfasst die Nutzung von Patenten, was rechtlich an eine enge Zielgruppe gebunden ist. Dem gegenübergestellt richtet sich die Übertragung von Wissen über Kommunikation, im Wesentlichen über Veröffentlichungen, an ein breites Nutzerspektrum ohne finanzielle Interessen. Die letzten beiden genannten Formen, der Netzwerk-Ansatz und der Wissenstransfer über die Hochschule als Dienstleister, werden insbesondere von Hochschulen betrieben, die eine enge Verknüpfung in die Wirtschaft haben und ergeben sich so zwangsläufig aus dem Tagesgeschäft. [Janschek 1998]

Speziell im Raum Aachen ist die Hochschullandschaft sehr stark auf die Ingenieurwissenschaften ausgelegt. Wie Pippel feststellt, wird der Bedarf an Arbeitskräften aus dem Bereich der Ingenieurwissenschaften in etwa um Faktor 2,5 von der Hochschule überdeckt, woraus sich folgern lässt, dass aus der Aachener Region auch ein Wissenstransfer in andere Regionen erfolgt. [Pippel 2013]

Neben den ingenieurwissenschaftlichen Aspekten ist im Bereich der Innovationsfähigkeit vor allem auch unternehmerisches Denken gefragt. Diverse Hochschulen haben die Situation erkannt und bieten aus diesem Grunde MBA-Studiengänge, teilweise mit Schwerpunkt Entrepreneurship an. Lernziele des Entrepreneurship-Studiengangs sollen neben betriebswirtschaftlichem Fachwissen vor allem die Persönlichkeitsbildung sein. Sassmannshausen unterscheidet Entrepreneurshipstudiengänge gegenüber

Studiengängen der klassischen Betriebswirtschaftslehre darin, dass beim Entrepreneur eher individuelle Verhaltensmuster gefordert sind und das Finden neuer Wege vermittelt wird. Bei Absolventen der Betriebswirtschaftslehre hingegen werden eher gruppendynamische Prozesse und die Anwendung erlernter Methoden als Lernziele ausgegeben. [Sassmannshausen 2013]

Im Mittelstand sind beide Ausbildungen relevant, während im Innovationsprozess vor allem der Entrepreneur gefordert wird. Der Blick für eine Optimierung, das Verständnis des Marktes und der vermittelte Pioniergeist helfen dabei, neue Produkte und Dienstleistungen entwickeln zu können.

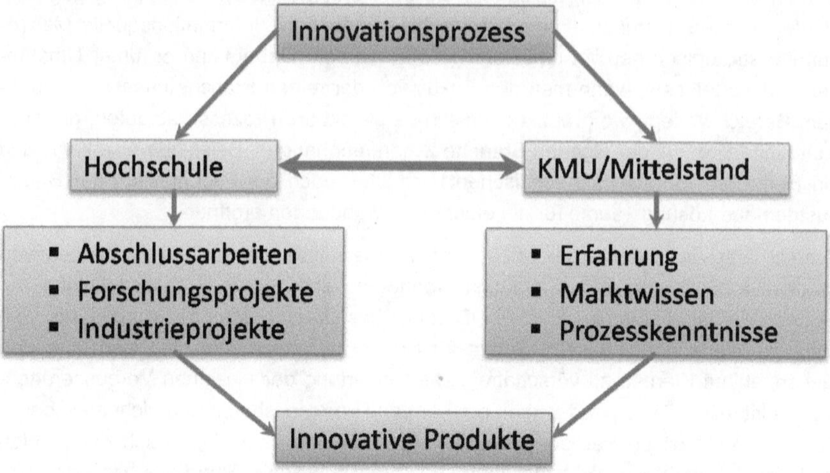

Bild 3-1: Innovationsprozess zwischen Hochschule und Mittelstand

Bild 3-1 stellt die Schnittstellen der mittelständischen Unternehmen zur Wissenschaft grafisch dar. In wechselseitiger Beziehung kann die Hochschule Einfluss nehmen auf Abschlussarbeiten, Forschungs- und Industrieprojekte, die direkt in kmU durchgeführt werden. Das Unternehmen hingegen bringt die Erfahrung der Mitarbeiter und das Marktwissen ein. Im Idealfall verfügt es über tiefgreifende Prozesskenntnisse, sodass in der Zusammenarbeit innovative Produkte entstehen können.

Bachelor- und Masterarbeiten

Eine zentrale Form der Zusammenarbeit zwischen Hochschule und Industrie stellt die Vergabe von Abschlussarbeiten dar. Dadurch wird von beiden Beteiligten der gesellschaftliche Auftrag zur Chancenvermittlung erfüllt und ein Bildungsbündnis geschlossen. Im Mittelstand erfolgt die Betreuung der Absolventen in der Regel direkt im Unternehmen. Die Hochschule nimmt lenkend Einfluss auf das Projekt und wirkt unterstützend bei kritischen Fragestellungen. Geht man davon aus, dass jeder Betreuungsaufwand gleich ist, wirkt sich die Bindung der Ressourcen und Kapazitäten vor allem in kleineren Unternehmen im Vergleich zu Großkonzernen prozentual höher aus. Daher haben kleinere Unternehmen ein ureigenes Interesse, dass die Abschlussarbeiten erfolgreich verwertet werden können. So ergibt sich die Möglichkeit, innovative Ansätze zu verfolgen und zu testen und gleichzeitig das Risiko eines Fehlschlags zu minimieren.

Unternehmenseigene Ansätze zur Innovationsfindung

Neben der Schnittstelle zur Hochschule müssen Unternehmen auch eigene Ansätze zur Innovationsfindung finden. Dies können externe Ansätze sein, bei denen ein weiterer Kenntnisgewinn von außen zufließt. In diesem Zusammenhang sind Branchenstudien und Marktanalysen zu sehen, die über externe Institute in Auftrag gegeben werden können. Darüber hinaus können als kundennahe Informationsquelle Messeauftritte strategisch geplant und durchgeführt werden. Dabei kann es unter Umständen von Vorteil sein, wenn man den Fokus von der reinen Branchenmesse hin zu einem Bereich verlegt, wo produkttechnisch vergleichbare Prozesse ablaufen, die aber nicht unbedingt mit der eigenen Branche zusammenhängen. Beispielsweise kann sich ein Hersteller von schweißtechnischen Produkten auch auf Fachmessen der Bauindustrie neue Lösungsräume für die eigenen Anwendungen eröffnen.

Zusätzlich zu den externen Ansätzen sind interne Ansätze essenziell. Zur innovativen Prozessverbesserung ist es zunächst vonnöten, eine exakte Prozessdefinition der eigenen Wertschöpfung zu errichten. Dazu ist das Unternehmen gezwungen, die vollständige Wertschöpfungskette Schritt für Schritt zu untersuchen und sich über den Gesamtablauf Klarheit zu verschaffen. Die Bewertung der einzelnen Verbesserungserfolge ist teilweise schwierig, kann aber anhand von messbaren und nicht messbaren Faktoren erschlossen werden. Messbare Faktoren sind dem Sinne nach Kennzahlen jeglicher Art, während nicht messbare Faktoren subjektive Eindrücke wie beispielsweise Mitarbeiterbefragungen nach der Erfolgseinschätzung einer durchgeführten Prozessverbesserung darstellen.

Als Synthese aus externen und internen Faktoren bietet sich das Erstellen einer SWOT-Matrix an (SWOT = engl.: Strengths, Weaknesses, Opportunities, Threats; Stärken, Schwächen, Chancen, Risiken). Diese stellt den Innovationsbedarf in den Unternehmensprozessen grafisch in einen Zusammenhang, sodass grundlegende Verbesserungen abgeleitet werden können.

Zukünftige Entwicklung aus Sicht des Mittelstandes

Die Prognosen für die zukünftige Entwicklung werden in den Medien häufig mit zunehmenden Problemen in Zusammenhang gebracht. Zum Teil liest man vom Fachkräftemangel, von der Bedrohung durch Übernahmen ausländischer Investoren oder von wirtschaftlichen Rezessionen. Zumindest in der Vergangenheit hat sich die Innovationsfähigkeit als Schlüssel zum Erfolg erwiesen. Es konnten Wettbewerbsvorteile gesichert werden, indem technische Neuentwicklungen vorangetrieben wurden. Energieeffizienz und Ressourcenschonung sind aktuelle Bestrebungen, die Kosten im Prozess zu reduzieren und sich Marktanteile zu sichern.

Heute und in Zukunft sind die Menschen hinter einem Produkt wichtiger denn je. War früher der Besitz von Maschinen essenziell, beispielsweise ein Schmelzofen für die Herstellung gießtechnischer Produkte, kann dieser Vorteil bereits in der heutigen Zeit über die regionalen und globalen Netzwerke in den Hintergrund treten. Da auf dem freien Markt Zugang zu den meisten möglichen Fertigungsverfahren besteht, rücken der Mensch und das zugehörige Wissensmanagement als wichtigster Bestandteil eines Unternehmens zur Sicherung der Überlebensfähigkeit in den Vordergrund. Somit ist es nötig, sich frühzeitig kluge Köpfe zu sichern, damit das vorhandene Potenzial weiter ungebremst genutzt werden kann. Hochschulen und mittelständische Unternehmen werden daher auch in Zukunft immer ein symbiotisches Verhältnis bilden.

Literaturverzeichnis

Janschek, K./Meißner, D./Kieb, K./Mercer, D. (1998): A Modelling Approach for University-Industry Relations. In: Academic and Industrial Cooperation in Space Research, Proceedings of an International Conference held in Vienna, Austria, 4-6 November 1998. S. 23 - 30

Pippel, G. (2013) : Das Ausbildungsprofil von Hochschulen und der regionale Bedarf an Absolventen In: Pasternack, P. (Hrsg.): Regional gekoppelte Hochschulen. Die Potenziale von Forschung und Lehre für demografisch herausgeforderte Regionen. HoF-Handreichung. 2. Beiheft zu „die hochschule“ 2013. S. 58-60

Sassmannshausen, S. P./Gladbach, S. (2013): Strengthening Case Study Based Teaching in Entrepreneurship Education in Germany: Theoretical Reflections and Explorative Research. In: Journal of Asia Entrepreneurship and Sustainability Vol IX Issue 1, May 2013. S. 57-94

3.3 Innovationskatalysator Hochschulkooperation am Beispiel der Elwema Automotive GmbH

Dipl.-Ing. Christian Reinders, MBA

Techn. Assistent der Geschäftsführung

Elwema Automotive GmbH

Die AIM – Assembly in Motion GmbH besteht aus den Firmen ELWEMA Automotive GmbH, Rohwedder Macro Assembly GmbH und Rohwedder Micro Assembly GmbH. Seit Juli 2012 zählt außerdem der neu gegründete Unternehmensbereich AIM Micro Systems GmbH zur Gruppe. Die AIM wird seit mehreren Jahren erfolgreich und mit stetig verzeichnetem Wachstum geführt.

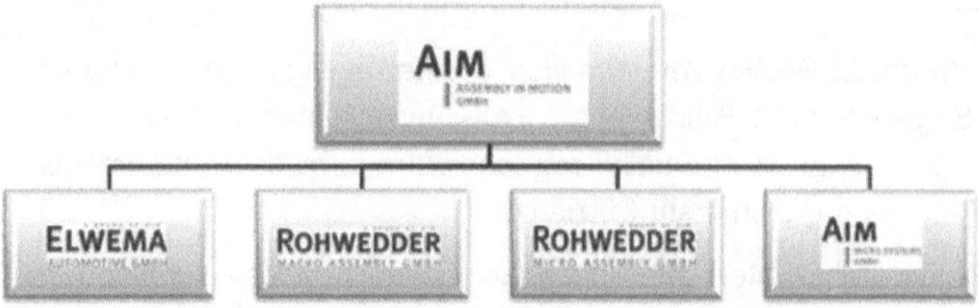

Bild 3-2: AIM – Assembly in Motion GmbH

Elwema Automotive GmbH

ELWEMA Automotive entwickelt und produziert Spitzentechnologie für die weltweite Automobilfertigung. Als mittelständisches Unternehmen ist sie spezialisiert auf kundenspezifische Reinigungs-, Prüf- und Montagetechnik, insbesondere für die Bereiche Getriebe, Motoren und Lenkung. Durch ausgeprägte Innovationsstärke und Kundenorientierung behauptet ELWEMA Automotive seit Jahren seine Technologieführerschaft und baut die Marktposition international kontinuierlich aus.

Die ELWEMA hat neben ihrem Hauptsitz in Ellwangen (Baden-Württemberg) auch eine weitere Betriebsstätte in Monschau (Nordrhein Westfalen). Diese ist spezialisiert auf die Neu- und Weiterentwicklung individueller und hochtechnisierter Reinigungsanlagen, vornehmlich im Bereich der Automobiltechnik und der allgemeinen Industrie. Der Standort Monschau, mit der Nähe zu Aachen, ist das direkte Bindeglied zur Fachhochschule Aachen und bildet die Grundlage für einen engen Austausch und zahlreiche bereichsübergreifende Projekte.

Der Standort in Ellwangen befasst sich mit individuellen und bedarfsgerechten Fertigungslösungen in der Prüf- und Montagetechnik im Bereich der Automobiltechnik, der Medizintechnik und der allgemeinen Industrie. Hier befindet sich auch die Produktions- und Montagestätte der ELWEMA.

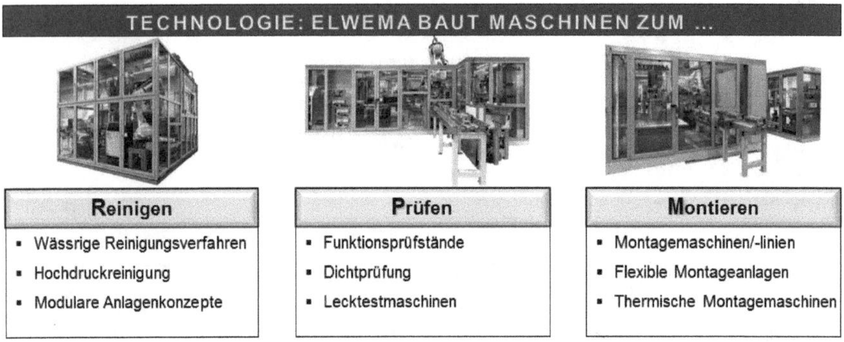

Bild 3-3: Produktportfolio

RPM Suite

Die Produkte der ELWEMA vereinen sich in einer einzigartigen Technologieplattform: Die RPM-Suite integriert Reinigungs-, Prüf- und Montagetechnik zu einer einzigen Fertigungslinie – eine neue Qualitätsdimension innerhalb der automobilen Fertigung mit allen Vorteilen für noch mehr Effizienz.

Die Verkettung dreier unterschiedlicher Technologiekonzepte verhilft dem Kunden zu einem messbaren Effizienzsprung innerhalb der Wertschöpfungskette der Komponentenfertigung von Motoren, Getriebe oder Lenkung. Viele Innovationen, entwickelt in dem Bereich der Reinigungstechnik am Standort Monschau, sind hier bereichsübergreifend zum Einsatz gekommen und mit der RPM Suite in einem Produkt vereint worden.

Bild 3-4: RPM-Suite

Das stetige Wachstum der ELWEMA und der ganzen AIM Gruppe ist das Ergebnis ständiger Innovationen. Diese werden durch den Schulterschluss mit dem Bildungswesen und der Leidenschaft innovative Produkte in den Fokus zu stellen, vorangetrieben. Das Ergebnis sind individuelle Systemlösungen für die Automobilindustrie.

Innovationskatalysator

Mit dem klassischen und innovationsgetriebenen Anlagenbau bewegt sich die ELWEMA mit Ihrem Produktportfolio im Bereich des Sondermaschinenbaus. Durch die langjährige Verbundenheit des heutigen Geschäftsführers Herrn Antonio Alvarez und Herrn Prof. Johannes Gartzen sind immer wieder gegenseitige Impulse in der Zusammenarbeit gegeben worden. Auch vor der Zeit der ELWEMA wussten sich die Institutionen des Hochschulwesens und der heutigen Geschäftsleitung zu schätzen. Durch das große Engagement und die gegenseitige Förderung sind zahlreiche Projekte initiiert worden. Die Projekte sowie Abschlussarbeiten am Standort Monschau haben bereits wesentliche Potenziale aufgezeigt und dadurch die innovativen Produkte der ELWEMA noch weiter nach vorne gebracht. Der Kontakt zur Hochschule wirkt somit als eine Art Katalysator, da er immer wieder neue Impulse in den Innovationsprozess des Unternehmens bringt und Entwicklungen innovativer Lösungen wesentlich beschleunigt.

Somit wurden beispielhaft in Studentenprojekten über einen längeren Zeitraum hinweg diverse Teilbereiche der Reinigungsanlagen betrachtet und analysiert. Unter der Betreuung der am Standort Monschau ansässigen Entwicklungsabteilung wurden gemeinsame Optimierungspotenziale erarbeitet und realisiert. Beide Fraktionen stehen dabei im engen Schulterschluss mit der Unternehmensleitung und dem betreuenden Professor, was einen ständigen Austausch von Anregungen und Trends gewährleistet. Nach erfolgreicher Implementierung im Unternehmensbereich der Reinigungstechnik werden die Ergebnisse der Zusammenarbeit bereichsübergreifend in die Kundenprojekte involviert.

Herr Prof. Gartzen bildet hier eine Anlaufstelle für Studenten und Industrie und bringt diese durch sein großes Engagement in betreuenden Projekten und Abschlussarbeiten zusammen. Die Kooperation der FH Aachen mit der ELWEMA zeigt beispielhaft die erfolgreiche Verzahnung zwischen Hochschulwesen und Industrie, die als Innovationskatalysator für nachhaltigen Unternehmenserfolg wirkt.

3.4 Technologiezentrum Jülich – Schnittstelle und Mittler zwischen Wissenschaft und Wirtschaft

Dipl.-Kfm. Carlo Aretz

Geschäftsführer

Technologiezentrum Jülich GmbH

Als sich auch im Aachener Revier in den 70er Jahren das Aus für die Steinkohleförderung in der Region Aachen abzeichnete und die traditionellen Nadel- und Tuchindustrien immer weiter an Bedeutung verloren, war eine grundlegende wirtschaftliche Neuorientierung von Nöten. Als besonderen Standortvorteil für einen solchen Umstrukturierungsprozess erkannte man seinerzeit die Potenziale, die in den ebenso vielfältigen wie weltweit hoch geschätzten Lehr- und Forschungseinrichtungen, die zwar in der Region verankert waren, aber für die innerregionale Abschöpfung ein noch weitgehend ungehobener Schatz war.

Eine der festen Größen im Kreis dieser hochrangigen Technologiestandorte ist die Stadt Jülich. Geforscht, entwickelt und auch (in den ersten Anfängen) produziert wird hier am Forschungszentrum Jülich sowie in den verschiedenen Fachbereichen an der Fachhochschule Aachen/Campus Jülich.

Das 1956 gegründete Forschungszentrum Jülich (FZJ) hat sich mit etwa 4.700 Beschäftigten längst zu einem modernen „Forschungskonzern" entwickelt, der – zu 90 % von der Bundesregierung und zu 10 % vom Land Nordrhein-Westfalen finanziert – sich auf dem internationalen „Forschungsmarkt" durchzusetzen und zu bewähren weiß.

Ein wesentlicher Dreh- und Angelpunkt dieses Standings ist im Organisationsgefüge des Forschungszentrums auch das Team des Technologietransfers, das als vielseitiger Dienstleister und Koordinator zwischen externer Nachfrage und internen Angeboten unterwegs ist. Die Abteilung sucht (und findet) interessierte Partner und wirkt intensiv bei der Vergabe von Lizenzen an Industrie und Handwerk mit. Aber zusätzlich initiiert, regelt und betreut es Kooperationen, berät bei technischen Anfragen aus Unternehmen und stellt Kontakte zu Experten her. Auch organisiert es den Personalaustausch und damit den personellen Wissenstransfer.

Die Fachhochschule Aachen mit ihren Standorten in Aachen und Jülich ist die zweitgrößte ihrer Art in Nordrhein-Westfalen und die viertgrößte der Bundesrepublik. Sie bietet gerade mit der Abteilung Jülich und den dort verankerten Fachbereichen jungen

Unternehmen einen ebenso vielfältigen wie kompetenten Zugang zu den Hightech-Ressourcen der Region.

Damit der Zugang und Zugriff auf das Wissen und das Know-how für die Wirtschaft – und dort speziell für kleinere Unternehmen und den Mittelstand – einfach und unbürokratisch bleibt, gibt es in der Jülicher Abteilung seit Anfang der 90er Jahre eine eigene Technologie- und Business-Transferstelle. Sie stellt schnell die Kontakte zu den geeigneten Experten im Haus her und begleitet die Projekte auch weit darüber hinaus.

So unterstützen an der FH tätige Professoren mit ihren umfangreichen und vielfältigen Erfahrungen in Theorie und Praxis kontinuierlich Industrie und Handwerk und tragen so zur Steigerung der Wettbewerbsfähigkeit gerade von solchen Unternehmen bei, die sich noch in der Aufbauphase befinden und noch nicht über das ausgefeilte Instrumentarium der „Großen" in Sachen Forschung und Entwicklung verfügen. Gemeinsam werden dann Entwicklungsaufgaben gelöst, häufig auch unter Einbezug der Studierenden – wie im Rahmen eines Praxissemesters oder einer Diplomarbeit.

Für die Einbindung der Technologie- und Wissenstransferstelle in das regionale Netzwerk kann auch auf die weiteren Ressourcen der Hightech-Region Aachen im Bedarfsfall rasch und einfach zugegriffen werden.

Es galt vor dem heraufziehenden strukturellen Bruch Anfang der 80erJahre Wege zu finden, dieses einmalige Potenzial zugunsten der Aachener Region stärker auszuschöpfen. Ausgründungen aus den Forschungseinrichtungen besonders zu unterstützen und Technologietransfer voranzutreiben erschienen hierzu als ebenso probate wie bislang weitgehend unerprobte Mittel. Zur Umsetzung benötigte man jedoch ein neues flexibles Instrument. Und so entwickelte man zu Beginn der 80er Jahre im Aachener Raum schon früh Konzepte zur gezielten Förderung neuer Technologien in der Wirtschaft. Man entschied sich für ein Modell, bei dem sich Technologie- und Gründerzentren (TGZ) speziell auf die Betriebsgründungen in zukunftsweisenden Branchen konzentrieren.

Neben Aachen war Berlin Ausgangspunkt dieses wegweisenden Konzeptes, das die hohe regionalwirtschaftliche Bedeutung von Wissenschaft und Forschung zur Entwicklung neuer und zukunftsfähiger Arbeitsplätze erkannte.

Heute existieren bundesweit ca. 400 TGZ, sodass diese inzwischen zu einem festen Bestandteil der Standortpolitik und des technologieorientierten Selbstverständnisses in den Bundesländern geworden sind.

Das Konzept eines Zentrums, welches nicht nur Räumlichkeiten, sondern auch vielfältigen Service für seine Mieter, wie Gründungsberatung und Unterstützung in der unternehmerischen Wachstumsphase bietet, hat sich als so erfolgreich erwiesen, dass es in der Aachener Region mittlerweile 13 solchermaßen konzipierter Einrichtungen gibt.

Da man auch kleinräumlicheren Aspekten gerecht werden will, haben sich diese Zentren dem unmittelbaren wirtschaftlichen Umfeld angepasst und weisen durchaus unterschiedliche Profile auf, die in einem breiten Fächer die vielfältigen regionalen Entwicklungsansätze widerspiegeln.

In diese Phalanx gehört auch das Anfang 1992 eröffnete Technologiezentrum Jülich (TZJ). Es steht seither der Großforschungseinrichtung FZJ als wichtiges Bindeglied im Technologietransfer zur Seite und entwickelte sich in unmittelbarer Nachbarschaft zum FZJ zu einem Kristallisationspunkt für zukunftsweisende Forschung und Technologie und deren Umsetzung in marktfähige Produkte und Prozesse durch kreative Jungunternehmen.

Auf einer Gesamtfläche von rd. 12.000 m² finden forschungs- und entwicklungsorientierte Unternehmen, Existenzgründer, Kooperationspartner und Lizenznehmer von Wissenschaft und Forschung sowie exponierte Teilbereiche des FZJ den adäquaten Raum für ihre Aktivitäten (siehe Bild 3-5). Diese besondere Situation eines kommunikativen und sozialen Miteinanders ist mehr als eine beliebige Leerformel. Denn je mehr sich Globalisierung und internationaler Wettbewerb alltäglich auswirken, desto erfolgsbestimmender wird die Standortwahl.

Es geht heute bei weitem nicht mehr allein um die schlichte Entscheidung: Wo lasse ich mich (kostenoptimiert) nieder? Vielmehr lautet die tagesaktuelle Frage: Wie und wo bin ich mit meinem Unternehmen in alle erforderlichen Vernetzungen eingebunden – technologisch – wirtschaftlich – sozial?

Bild 3-5: Technologiezentrum Jülich – 12.000 m² technologischer Standortvorteil

Es sind solche umfassenden Aspekte, für deren qualitative Bewältigung die gesamte Region zusammenwirkt; denn nur so lässt sich ihr Technologie-Potenzial für die Wirtschaft zielorientiert und nachhaltig erschließen und verstetigen. Eine koordinierte

Reihe wirtschaftsfördernd orientierter Einrichtungen und Institutionen steht hierfür auch für den Standort Jülich bereit:

- IHK und Handwerkskammer verfügen über spezialisierte Wirtschaftsförderungseinrichtungen.
- Mit der Jülicher Kapitalbeteiligungsgesellschaft (JKBG mbH) wird eine Lücke im bestehenden Fördersystem geschlossen. Die Gesellschaft stellt jungen Firmen Wagniskapital zur Verfügung.
- Daneben hilft die Aachener Gesellschaft für Innovation- und Technologietransfer (AGIT mbH) aktiv, das Technologiepotenzial der Region zu erschließen.
- Die Wirtschaftsförderungseinrichtungen und Entwicklungsgesellschaften von Stadt und Kreis sind weitere kompetente Beratungseinrichtungen mit ergänzenden Angeboten und Dienstleistungen.

In diesem Netzwerk ist das TZJ Schnittstelle und Mittler zugleich, das aber seinerseits den Zugang zu Mittlern und Schnittstellen benötigt, um dieses Netzwerk auch weiter qualifizieren und ausbauen zu können.

Diese Aufgabe übernimmt in besonderer Weise der Beirat der TZJ GmbH, dessen Mitglieder über exzellente Kenntnisse der Gründer- und Technologie-Szene in der Region verfügen und damit wirksam und zielgerichtet die Arbeit der Geschäftsführung der TZJ-GmbH unterstützen.

Vorsitzender des Beirats ist seit 2008 Prof. Dr. Johannes Gartzen, Lehrstuhlinhaber im Fachbereich Füge- und Trenntechnik/Lasertechnologie an der Fachhochschule Aachen, der bereits seit Jahrzehnten mit Leidenschaft und Hingabe das Unternehmertalent von Studenten „aufspürt", um dies dann häufig mit ihnen gemeinsam unternehmerisch umzusetzen.

Doch damit nicht genug – um in der Region „eine richtig lebendige Gründerkultur" (so Prof. Gartzen) zu entwickeln, bietet die Fachhochschule seit einigen Jahren im Rahmen des Studiums „Unternehmerseminare" an, in die auch die Geschäftsführung des TZJ involviert ist. In Zusammenarbeit mit der FH und den Universitäten in der Nachbarschaft werden als Teil einer Mobilisierungsstrategie regelmäßig gemeinsame Workshops, Unternehmensgründungs-Seminare etc. veranstaltet, mit dem Ziel, junge Akademiker auf die Möglichkeit der Selbstständigkeit aufmerksam zu machen, sie auf diesen Schritt systematisch vorzubereiten und ihnen vor allem auch Mut zu machen, diesen sicherlich häufig durchaus steinigen und mühseligen Weg zu beschreiten.

Gerade mit solchen Service-Leistungen setzt die Region besondere und weitreichende Impulse, die letztlich in zukunftsorientierten Arbeitsplätzen münden. Was weitsichtig Anfang der 1980er Jahre begonnen worden ist, erfährt heute nachhaltige Stabilisierung auf hohem Niveau durch das kollektive Miteinander von Wissenschaft und Wirtschaft in der Aachener Region, für die Einzelne – so auch Johannes Gartzen – noch ganz besondere Akzente zu setzen vermögen.

3.5 LACID™ – Ein innovatives Laserhärteverfahren für den Werkzeugbau

Dipl.-Ing. Ulrich Berners, MBA
Geschäftsführer
LBBZ Laser Bearbeitungs- und Beratungszentrum NRW GmbH

Die LBBZ GmbH widmet sich als kleines, mittelständisches Unternehmen seit über 20 Jahren der Anwendung und Entwicklung von Techniken, die auf der Lasertechnik basieren. Der Qualitätsanspruch und die Risiken bei der klassischen Härtetechnik von Werkzeugen in den Bereichen Karosseriebau, Blechumformung, Werkzeugbau haben das LBBZ dazu angeregt, eine eigene Lösung für diese Härteaufgabe zu suchen.

Insbesondere die Anforderungen bei den Karosseriebauwerkzeugen steigen stetig und haben zu einem wachsenden Innovationsdruck geführt, um auch die großen O-EMs wie VW, Daimler, Audi, Porsche, BMW und Ford mit lasergehärteten Werkzeugen beliefern zu können. Als Spezialist und Dienstleister rund um die Produktion mit Lasertechnik hat das LBBZ, basierend auf der eigenen Erfahrung mit dem Randschichthärten mittels Laserstrahlung, besondere Lösungsansätze gefunden, um den variantenreichen Werkzeugformen und Materialien aus dem Werkzeugbau mittels Laserhärten zu mehr Standfestigkeit und Effizienz zu verhelfen.

Die Lösung erforderte substanzielle Kenntnisse in der Lasertechnik, Metallurgie und Regelungstechnik aber auch Beiträge aus der Optik und Elektrotechnik. So verwundert es nicht, dass die Entwicklung in stetigen Schritten über längere Zeit verlief und nunmehr erfolgreich an den LBBZ Standorten in Geilenkirchen und Ingolstadt eingesetzt wird. Diese Entwicklung nutzte die gute Vernetzung des LBBZ mit der wissenschaftlichen Infrastruktur der Umgebung. So wurde das Regelsystem und Regelkonzept z.B. als Fachhochschuldiplomarbeit angefertigt, theoretische Modellbildung und Berechnungen erfolgten auf der Basis von veröffentlichten Vorarbeiten von FH Aachen, RWTH Aachen und Fraunhofer-Instituten. Eigene Entwicklungen gemeinsam mit der FH Aachen haben dann zum Bau einer industrietauglichen Implementierung geführt.

Es ist somit ein gelungenes Beispiel für den Technologietransfer von den wissenschaftlichen Institutionen der Region hin zu einem mittelständischen Unternehmen, das alleine eine solche Entwicklung kaum hätte erfolgreich abschließen können, aber dennoch selbst substanzielle Eigenbeiträge geleistet hat, indem die eigene Kompetenz auf den Gebiet der Optik und Lasertechnik umgesetzt wurde. Die gute Vernetzung durch Kontakte in die Institute und zur FH Aachen wird aber auch erst durch den Austausch von Anregungen und Aufgabenstellungen möglich, auf dessen Basis dann wissenschaftliche Arbeiten an industriellen Themen im Rahmen eines Fachhochschulstudiums durchführbar sind.

Die komplexe Thematik einer lasergestützten Metallhärtetechnik erforderte das erfolgreiche Zusammenspiel von Technologietransfer sowie der Kooperation zwischen FH-Aachen und Industrie. Das LBBZ hat sein Verfahren LACID dieser Zusammenarbeit mitzuverdanken. Das Verfahren basiert auf einem Ansatz, der erst durch das Entstehen moderner Hochleistungslaser möglich wurde. Um die Besonderheiten von LACID zu verstehen, ist es wichtig, den Prozess des Randschichthärtens zu verstehen.

Beim Laserrandschichthärten wird mittels eines auf die metallische Oberfläche des Werkzeuges projizierten Laserlichtstrahles die Oberfläche auf ca. 1000 Grad erhitzt und durch die hohe Selbstabschreckung des Metalls die harte Struktur des erhitzten Metalls eingefroren. Um größere Areale einer Oberfläche zu härten, wird der projizierte Laserstrahl über die Oberfläche geführt und hinterlässt dadurch eine Spur mit den gewünschten Härteeigenschaften.

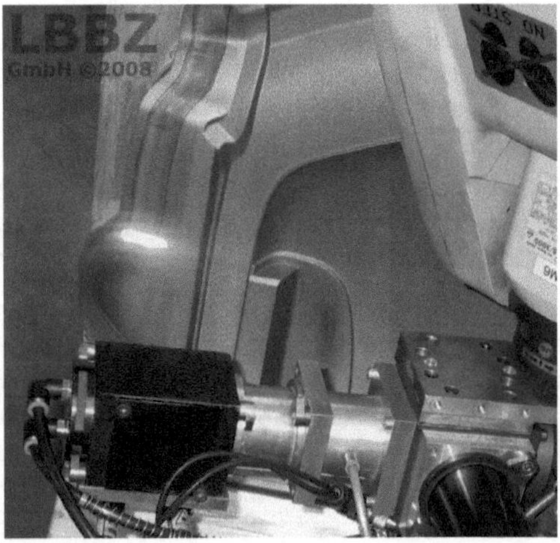

Bild 3-6: LACID Laserhärten an einem Werkzeug zur Herstellung PKW-Armaturenbrett

Der große Vorteil dieses Verfahrens liegt darin, dass die Umwandlung des Metalls nur an der Oberfläche stattfindet und mit vergleichsweise weniger Wärmeenergie auskommt als andere Härteverfahren, so dass das Risiko von Verzug oder Verspannung wesentlich geringer ist als bei anderen Techniken. Dies wird besonders wichtig bei Werkzeugen, die bereits in ihrer endgültigen Form hergestellt sind, wie z.B. Werkzeuge für die Kunststoff- und Karosseriefertigung (Bild 3-6).

Früher mussten in der Regel alle gehärteten Werkzeuge im Anschluss an das Härteverfahren überprüft werden und oft genug durch Abfräsen oder Schleifen erneut auf die korrekte Geometrie nachgearbeitet werden. Dies ist besonders aufwendig, da das nunmehr harte Material viel schwieriger nachzubearbeiten ist und dazu oft nur teure Spezialwerkzeuge eingesetzt werden können.

Das LBBZ hat mit dem LACID Verfahren diesen Anforderungen Rechnung getragen und stellt mit dem Konzept aus aktiver Regelung der Laserleistung, adaptierter Form des Laserstrahles und stetig kontrollierter Temperatur am Werkstück ein Verfahren in den Dienst der Fertigung, das eine im technischen Sinne verzugsfreie Bearbeitung möglich macht.

Das Lasersystem beinhaltet als wesentliche Komponenten den Laser selbst, einen PID-Regler, eine berührungslos arbeitende optische Temperaturmesseinrichtung in Form eines Zweifarben-Pyrometers und eine Spezialoptik zur Führung und Formung des Laserstrahles. Eine weitere wichtige Komponente ist das Bewegungssystem zur Führung des Laserstrahles, das im LBBZ in der Regel aus Robotern besteht, jedoch auch in anderen CNC gesteuerten Anlagen eingesetzt werden kann.

Die Wirkungsweise und Besonderheiten des LACID Verfahrens liegen in dem Fehlen von technisch relevantem Verzug der Bauteile und der berührungslosen Arbeitsweise. Das Verfahren realisiert Härtetiefen im Werkstück von ca. 1 mm und tiefer. Dies erscheint zunächst wenig im Vergleich zu anderen Verfahren, die das ganze Werkstück komplett durchhärten. Es ist jedoch dabei zu beachten, dass mit dem LACID Verfahren die Härte dort eingebracht werden kann, wo sie wirklich erforderlich ist und keine Durchhärtung des gesamten Werkzeugs notwendig ist. Vollständige Durchhärtung besitzt zudem den Nachteil, dass das Werkzeug an entscheidenden Stellen weniger elastisch ist und somit stärker zu Rissen und Versprödung neigt.

Die Härtetiefe von ca. 1 mm trägt auch der Tatsache Rechnung, dass durch Abrieb und Nachschärfen von Schneiden das Werkzeug im Laufe der Zeit geringere Abmessungen annimmt, diesem Vorgang jedoch typische Verschleißgrenzen im Bereich von einigen zehntel Millimetern gesetzt sind. Härtetiefen über dieses Maß hinaus sind also meistens im Grunde überflüssig und verursachen bei ihrer Herstellung zusätzlich noch gefährliche Verzugsprobleme. Das LACID Verfahren reduziert die Härtetiefe also auf ein technisch willkommenes Maß ohne die Nutzbarkeit von natürlichen Verschleißgrenzen einzuschränken.

Die Gleichmäßigkeit der Härtung ist bei diesem Verfahren fast nur noch abhängig vom Wärmebehandlungszustand des ursprünglichen Werkstoffes. Mittels der sehr raschen Temperaturregelung werden alle Verfahrensschwankungen ausgeglichen und die Streuung der Härte beträgt etwa nur noch +/-3 HRC. Die gute Ausregelung erfasst auch Störungen unerwarteter Art wie z.B. unstetige Übergänge an Kanten und Schneiden, Übergänge zwischen verschiedenen Materialien, wenn das Werkzeug z.B. aus unterschiedlichen Teilen zusammengesetzt ist oder gar den Austritt von Schmier- oder Kühlschmierstoffen aus Poren im Material.

Die schnelle Regelung und Kontrolle der Bearbeitung ermöglicht ebenso die Bearbeitung kritischer Regionen von Werkzeugen wie z.B. Schneidkanten, filigrane Stege oder Pinchkanten. Da in diesen Bauteilgeometrien ein sehr schneller Aufbau hoher Temperaturen entsteht, ist dort immer die Gefahr gegeben, dass an manchen Stellen die Schmelztemperatur erreicht oder überschritten werden kann. Dies hat fatale Folgen für das Werkzeug, das in der Regel dadurch unbrauchbar werden kann und ggfs. komplett neu hergestellt werden muss. Bei Herstellkosten eines Werkzeuges von z.B. mehreren hunderttausend Euro kann dies schnell zu einem unabsehbaren Risiko für den Anwender werden. Das LACID Verfahren jedoch reduziert dieses Risiko auf ein Minimum und ermöglicht das Härten von kritischen Zonen auch ohne die Gefahr des Anschmelzens (Bild 3-7).

Die Härtewerte der durch LACID erzeugten Härteschicht entsprechen den typischen Maximalwerten der erzielbaren Werkstoffhärten wie sie in Standardwerken tabellarisch genannt werden und denen anderer Verfahren. Darüber hinaus bietet LACID jedoch die sonst nicht möglichen Vorteile einer auch in gewissen Grenzen einstellbaren niedrigeren Härte als der Maximalhärte und einer möglichen Nachhärtung bereits gehärteter Areale.

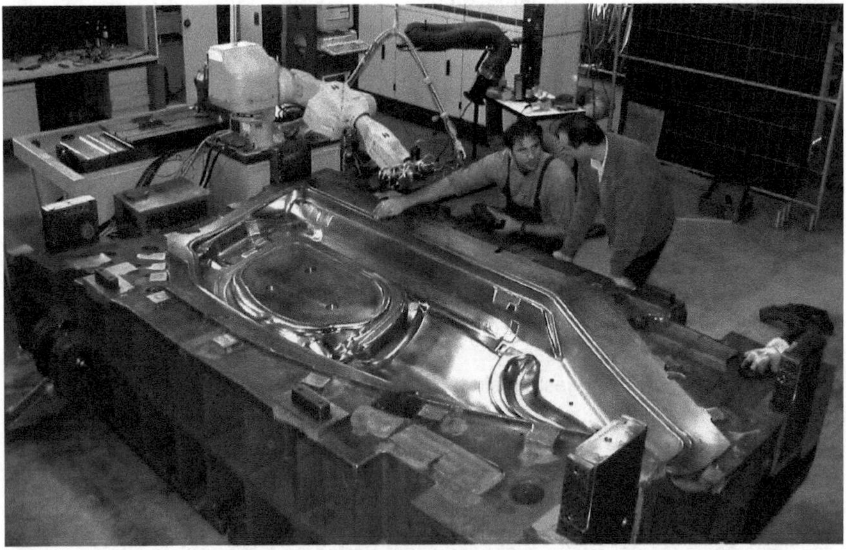

Bild 3-7: Laserhärten eines Seitenwandwerkzeuges für einen PKW

Die gute Kontrolle erstreckt sich beim LACID Verfahren nicht nur auf den Energiefluss als solchen sondern auch auf die Einhaltung und Begrenzung des zu härtenden Bereiches durch die Kontrolle der Energieverteilung. Die Härtespuren des LACID Verfahrens lassen sich so einstellen, dass nur der zu härtende Bereich tatsächlich auch behandelt wird, so dass sich kaum Randeffekte oder unerwünschte gehärtete Areale ausbilden können.

Beim Einsatz des LACID Verfahrens werden keinerlei Chemikalien benötigt, weder in Form von Coatings noch in Form von Kühlmitteln. Daher entfallen typische Vor- und

Nacharbeiten außer dem Reinigen der Werkstückoberflächen. Dies ist ein Betrag zum Umweltschutz, der angesichts der Aggressivität üblicher Chemikalien beim Härten durchaus erwähnenswert ist und die Bearbeitung deutlich vereinfacht und beschleunigt.

Da die Technik einzelner Bahnen bei der geregelten Bearbeitung insbesondere Erfahrung in Programmierung der korrekten Bahnlage erfordert, kann auf die Offline-Bearbeitung und Programmierung auf Basis von 3D-Datensätzen komplett verzichtet werden. In der Praxis ist nämlich eine kollisions- und obstruktionsfreie offline erstellte Programmierung deutlich aufwendiger und zeitintensiver als eine In-Situ-Programmierung, die immer das Optimum für den Prozess unter Berücksichtigung von Oberflächenformen und Strukturen ermöglicht. Da weiterhin beim LACID Verfahren keine Öfen oder andere Einschränkungen technischer Art die Werkstückgröße und das Werkstückgewicht wesentlich einschränken, können auch Großwerkzeuge wie z.B. ganze Seitenwandwerkzeuge von Karosserien komfortabel bearbeitet werden.

Die Anwendung der vorgestellten LACID Technologie, die in enger Kooperation mit der FH Aachen entwickelt wurde, ermöglicht aufgrund der oben beschriebenen Vorteile signifikante Kosteneinsparungen im Werkzeugbau. Mit Hilfe dieser Innovation konnte das LBBZ als kmU einen neuen Geschäftsbereich innerhalb der Automobilbranche erschließen, was nicht zuletzt in der Gründung einer eigenen Dependance mündete.

3.6 Das Ding mit dem Ring – Eine neue CVT-Getriebevariante, das Kegelringgetriebe von GIF

Dr.-Ing. Ulrich Rohs
Vorsitzender der Geschäftsführung
GIF mbH

Dipl.-Ing. Christoph Dräger
Bereichsleiter Getriebeentwicklung
GIF mbH

Die Gesellschaft für Industrieforschung (GIF) mbH ist führender Testing- und Engineeringpartner der internationalen Automobilindustrie und mit über 450 Mitarbeitern und über 120 Prüfständen ein bedeutender Entwicklungspartner der Automobilbranche weltweit. Die Unternehmensgruppe ist spezialisiert auf Antriebsstrang- und Getriebetesting und zählt mit weiteren Services im Bereich der Getriebe-Funktionsentwicklung, den Messsystemen und der Prüfstandsautomatisierung zu den marktführenden Partnern der Automobilindustrie.

Der Schwerpunkt liegt in den Arbeitsbereichen:

- Getriebeentwicklung
- Getriebesteuerung und -modellierung
- Getriebeversuch
- Fahrzeugversuch sowie Mess- und Automatisierungstechnik.

Diese Position konnte sich GIF durch kontinuierliche innovative Entwicklungsarbeit über nunmehr fast drei Jahrzehnte hinweg erarbeiten. Neben dem Hauptsitz in Alsdorf gibt es je eine Niederlassung in Aachen, Wolfsburg und Suzhou (China). Weitere Standorte befinden sich in Alexandria (USA) und Tokio (Japan). Außerdem wird GIF durch Repräsentanzen in Korea vertreten. Die Gründungshistorie reicht zurück bis in das Jahr 1986, in dem die GIF als Entwicklungsdienstleister für die Automobilindustrie aus dem Institut für Kraftfahrwesen (ika) der RWTH Aachen ausgegründet wurde. Aus dem Hochschul-Spin-Off entwickelte sich binnen kurzer Zeit ein großer Arbeitgeber, der schon im Jahre 1995 76 Mitarbeiter beschäftigte. Der Umsatz betrug im Geschäftsjahr 2012 ca. 55 Millionen EUR.

Eine der Stärken der GIF repräsentiert die bereichsübergreifende Zusammenarbeit der GIF-Teams, die den Kunden eine langfristige Partnerschaft für komplexe Entwicklungs- und Forschungstätigkeiten bis hin zur Lösung von Detailproblemen bietet. Durch die Nähe zu den regionalen Hochschulen besteht auch eine enge Kooperation mit diesen im Kontext spezifischer Projekte.

Die GIF hat für ihr Kegelringgetriebe (KRG), mit dessen Entwicklung bereits in 1986 begonnen wurde, in verschiedenen Versuchsträgern die geforderten Dauerhaltbarkeits- und Funktionsnachweise durchgeführt und diverse Verbrauchsfahrten unternommen. Auch die Redaktion der »AI« konnte sich schon von der grundsätzlichen Fahrbarkeit des Konzepts überzeugen.

Die Industrialisierung inklusive der Herstellung ist allerdings Aufgabe der Getriebehersteller, weil GIF sich ausschließlich als Entwicklungsdienstleister in Sachen Getriebe sieht. Kooperationen, die bereits mit verschiedenen Herstellern in Asien und Europa existieren, sehen einen Produktionsstart des KRG in den nächsten Jahren vor. Trotzdem gibt es auch Stimmen, die die Industrialisierung in Frage stellen. Das Konzept des Kegelringgetriebes ist alt: Erste Patente wurden schon vor etwa 100 Jahren erteilt. Nur war bisher der Verstellmechanismus für den Ring Dräger, Bereichsleiter Getriebeentwicklung der GIF. Neben dem nur wenig Leistung fordernden Verstellmechanismus sieht Dräger einen weiteren Vorteil im Vergleich zu einem herkömmlichen Continuously Variable Transmission (CVT): „Wir verzichten bei unserem KRG aus Kosten und Verbrauchsgründen auf hydraulische Elemente. Als Anfahrelement setzen wir beispielsweise auf eine elektromechanisch betätigte Trockenkupplung anstatt Wandler oder Nasskupplung, die nur in Verbindung mit einer Hydraulikeinheit inklusive Pumpe realisierbar wären.“ Auch die Verspannung des Übertragungsrings, damit zu wandern, bis seine Drehrichtung wieder mit der des Kegels übereinstimmt. Ein leichtes Seitwärtsdrehen in die andere Richtung lässt den Ring wieder zurückwandern. Je größer der Schräglaufwinkel, desto schneller bewegt sich der Ring seitwärts. Besteht zwischen der Drehbewegung von Kegel und Ring keine Winkeldifferenz, dreht sich der Ring an einer konstanten Position. Für die Lenkbewegung – statt wie bisher eine Schubbewegung – ist nur ein minimaler Kraftaufwand erforderlich. Ein kleiner Elektromotor mit relativ geringer Leistung übersetzt die Stellsignale der Getriebesteuerung in eine Lenkbewegung an einem Schlitten. Für die eigentliche Seitwärtsbewegung sorgen dann die Abrollbedingungen zwischen Ring und Kegel. „Diesen Mechanismus haben wir selbst entwickelt. Dank der Fortschritte bei der Sensorik und Mechatronik erreichen wir damit eine Regelgüte, die jetzt den Ansprüchen des Serienbetriebs genügt“, erläutert der Maschinenbauingenieur Christoph Dräger das Drehmoment zwischen den beiden Kegelmantelflächen übertragen kann, erfolgt mechanisch. Ein Kegel beherbergt in seinem Inneren ein Tellerfeder-Paket, das unabhängig vom Motordrehmoment für die gegenseitige mechanische Anpressung sorgt.

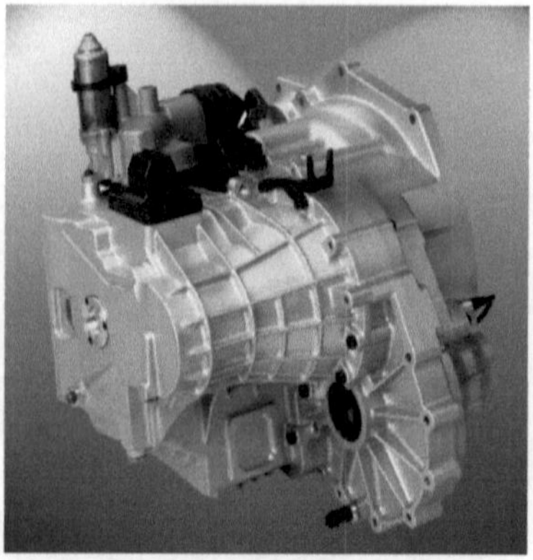

Bild 3-8: Das Kegelringgetriebe (oben) soll kleiner, günstiger und sparsamer sein als herkömmliche CVT-Getriebe (unten).

Bild 3-9: Audi Miltitronic

Diese „Grundlast" reicht für viele Fahrsituationen und Abschleppvorgänge völlig aus. Ist in Folge von Drehmoment mehr Anpresskraft nötig – heutige Anwendungen sehen Drehmomente bis 400 Newtonmeter vor – wird ein zusätzlicher Kugelrampenmechanismus aktiviert, wie er in vielen Getriebeanwendungen vorkommt. Wird auf seine zwei Scheiben ein Drehmoment ausgeübt, erzeugen diese entlang der Rampen eine Axialkraft abhängig von der Drehmomenthöhe. Der Rückwärtsgang des Kegelringgetriebes sitzt vor dem Kegelpaar und besteht aus einem Planetenradsatz. Durch Blockieren der Planetenräder steht eine Übersetzung für die Rückwärtsfahrt bereit. Weitere Vorteile will die GIF mit einem speziellen Traktionsöl erzeugen. „Da der Traktionsraum – der Bereich von Kegeln und Ring – im KRG durch den übersichtlichen mechanischen Aufbau klar von den Lagerstellen abgetrennt werden kann, können wir unterschiedliche maßgeschneiderte Öleigenschaften einsetzen", erklärt Dräger. „Im Traktionsraum etwa ein Spezialöl, das unter Scherung viel Traktion erzeugt. Lager, Planetenradsatz und Differenzial werden mit einem üblichen Schmieröl geschmiert." Bei herkömmlichen Reibradgetrieben ist durch den komplexen Aufbau keine Trennung möglich. Dementsprechend ist das „Multifunktionsöl" für diesen Zielkonflikt – Kraftübertragung und Schmierung – nur ein Kompromiss.

Bild 3-10: Die GIF verzichtet bei dem Kegelringgetriebe aus Kosten- und Verbrauchsgründen auf hydraulische Elemente

Als Werkstoff für Ring und Kegel verwendet GIF gebräuchliche Lagerwerkstoffe, da die Anforderungen ähnlich sind wie bei Kugellagern. Ein Vorteil der Ringkonstruktion ist laut Dräger ihre Robustheit: Da keine mechanische Biegung auf den soliden Ring einwirke, bleibe als wesentliches Auslegungskriterium die Flächenpressung. Durch die Gestaltung der Ringoberfläche – etwa die Vergrößerung des Kontaktradius – lasse sich die Flächenpressung aber selbst bei einer Erhöhung des Drehmoments auf bekannte Festigkeitswerte anpassen. Mit einer Spreizung von 6 bis 6,5 liegt das KRG im Umfeld anderer Automatikgetriebe. Deutlich günstiger im Vergleich zu einem herkömmlichen kettengetriebenen CVT-Getriebe ist laut Dräger das Gewicht des KRG von etwa 65 Kilogramm bei einer Applikation für 180 Newtonmeter Drehmoment. Vergleichsmessungen bei Kunden haben gezeigt, dass der Verbrauch des KRG im Vergleich zu anderen CVT-Lösungen ebenfalls deutlich geringer ist, da das KRG keine Hydraulik benötigt und auch problemlos für Start-Stopp-Funktion und Hybridtechnik geeignet ist. Dass sich das KRG in einem üblichen Fahrzeug-Package realisieren lässt, zeigt die inzwischen auf sieben Versuchsfahrzeuge angewachsene KRG-Flotte. Ein gewisser Optimierungsbedarf bleibt bei der Effizienz der Kraftübertragung. Zahnradstufen wie beim normalen Schaltgetriebe glänzen in dieser Hinsicht mit einem sehr hohen Wirkungsgrad und minimalen Leistungsverlusten. Diesen Benchmark erreicht das KRG mit seinem Kegelringpaar und dem Übertragungsring (noch?) nicht ganz. Aber Komfortgewinn und eine bessere Ausnutzung der Übersetzungsmöglichkeiten haben den Verbrauchswettstreit mit den automatisierten Handschaltgetrieben eröffnet. Da die europäischen Autofahrer im Vergleich zu den amerikanischen und asiatischen noch die Charakteristika von manuellen Schaltgetrieben gewohnt sind, hat die GIF in das KRG bewusst auch einen Modus mit festen Übersetzungen und Schaltpunkten integriert, die bei Bedarf manuell gesteuert werden können.

Bild 3-11: Zwischen zwei Kegeln sorgt der Übertragungsring für die mechanische Übertragung des Drehmoments

„Somit bietet das KRG alle drei wichtigen Fahrmodi – CVT, Stufenautomatik, manuell – in hervorragender Qualität in einem Getriebe“, bilanziert Dräger. „Das ideale Einsatzgebiet des KRG sehe ich im Klein- und Mittelklassesegment bis etwa 250 Newtonmeter Drehmoment, wo im Zuge der CO_2-Diskussion künftig die Nachfrage wohl zunehmen wird. Im mittleren und höheren Drehmomentsegment gibt es eine starke Konkurrenz durch Doppelkupplungsgetriebe und Wandlerautomaten mit sieben oder acht Stufen.“ Besonders in Fernost, Indien, Russland und Südamerika dürften oben genannte Segmente mit automatisierten Getrieben künftig stabile Zuwachsraten verzeichnen. In Ostasien spielt die breite Akzeptanz des CVT-Getriebes dem KRG zusätzlich in die Karten.

3.7 TMS – Innovative Anlagentechnik für die Automobilindustrie

Dr. Stefan Wilden

Geschäftsführung TMS GmbH

Vorsitzender der Geschäftsführung,
Valiant Holdings GmbH

Die TMS Transport- und Montagesysteme GmbH ist ein österreichischer Automobilzulieferer mit 100% eigener Wertschöpfungskette mit Firmensitz in Linz/Oberösterreich. Die TMS liefert von kompletten Rohbauanlagen über Förder- und Montagetechnik bis hin zu Reinigungs- und Trockenanlagen für die Automobilindustrie alles aus einer Hand. Als Mitglied der kanadischen VALIANT Unternehmensgruppe ist TMS mit seinen Niederlassungen in Österreich, Deutschland, Spanien, Tschechien, Rumänien, Russland, Belgien und Indien im Stand weltweite Kundenanforderungen zu erfüllen.

Karosseriebau

Das Geschäftsfeld Karosseriebau realisiert komplette Rohbauanlagen für die Automobilindustrie und bietet ganzheitliche, individuelle Lösungen für teil- oder vollautomatisierte Produktionsabläufe. Von der Planung über das Engineering bis hin zur Inbetriebnahme und anschließender Produktionsunterstützung erfolgt alles innerhalb des Unternehmens. Die Ausführung wird individuell auf sämtliche Kundenbedürfnisse abgestimmt. TMS weist große Erfahrung bei der Integration neuer Modelle in bestehende Fertigungsanlagen auch während laufender Produktion auf.

a. Re-Tooling im Anlagenbau

Eine Stärke der TMS ist der sogenannte Re-Tooling-Bereich. Wird ein neues Fahrzeug auf eine bestehende Anlage aufgesetzt, so muss diese Anlage dem neuen Fahrzeug angepasst werden. Diese Art von Umbau wird im Fachjargon als Re-Tooling Projekt bezeichnet. Bei dieser Art von Projekten wird das Equipment, das bereits mehrere Jahre in der bestehenden Anlage im Einsatz war, weiterverwendet. So kommen z.B. Roboter und Schweißzangen in einem neuen Produktzyklus zur Anwendung. Die Planung und Realisierung erfordert viel Erfahrung und technisches Know-How vom Anlagenbauer. Im Gegensatz zu kompletten Neuanlagen stellt ein Re-Tooling Projekt eine große Kosteneinsparung für den Kunden dar.

b. Indirektes Schweißen

Im Automobilrohbau sind schlanke und abgesicherte Prozesse, welche eine hohe Anlaufqualität, geringe Nacharbeit und eine Reduktion von Ersatzteilen auf ein Minimum gewährleisten, ein absolutes Muss. Nur durch Einhaltung dieser Parameter ist eine Konkurrenzfähigkeit am Markt möglich.

Beim Punktschweißen von Sichtteilen (z.B. Türen) ist es aus optischen Gründen unerwünscht, dass ein Schweißpunkt oder eine durch das Punktschweißen bedingte Druckstelle an der sichtbaren Außenseite des Bauteils erkennbar ist. Dies stellt insbesondere beim Punktschweißen von dünnen Blechen hohe Anforderungen an das Schweißverfahren. Aus dem Stand der Technik sind zwar Punktschweißverfahren bekannt, die dieses Problem lösen, die aber aufgrund des Einsatzes von Schweißspannern, Schweißzylindern, oder ähnlichen Komponenten nur mit sehr viel mechanischem und hohem kostentechnischen Aufwand zu realisieren sind.

TMS entwickelte hierzu ein patentiertes Verfahren bzw. Vorrichtung, welche es ermöglicht, Sichtpunkte mit einer handelsüblichen Roboterschweißzange zu machen (siehe Bild 3-12). Unter anderem sind die wesentlichsten Vorteile, eine flexible Schweißpunktlage, eine einfache und wartungsarme Vorrichtung und Kostenvorteile gegenüber anderen bekannten Techniken. Zudem kann dieses Verfahren in jede beliebige Vorrichtung flexibel integriert werden.

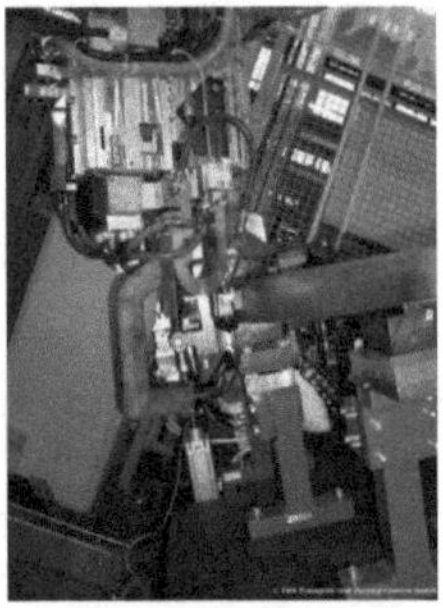

Bild 3-12: Vorrichtung (links); Vorrichtung inkl. Schweißzange (rechts)

Reinigungstechnologie (Powertrain)

In Kooperation mit der VALIANT Gruppe, Technologieführer der Branche, konzentriert sich das Angebot der TMS auf die Entwicklung, Projektierung, Fertigung und Installation von Reinigungs- und Trocknungsanlagen für Metalloberflächen.

a. Produktinnovation in der Reinigungstechnologie

Der Umluftkondensator ist die neueste Innovation im Bereich Powertrain. Hierbei handelt es sich um eine Anlagenkomponente, die den Luftstrom permanent verwertet. Einerseits wird der saubere, trockene und warme Luftstrom verwendet, um bei geöffneten Prozesstüren mittels eines Luftvorhangs das Austreten von Dampfschwaden aus der Reinigungskammer zu verhindern und zweitens findet dieser zur Trocknung der gewaschenen Bauteile Verwendung. Die darin enthaltene Wassermenge wird fast vollständig auskondensiert und dem Waschprozess erneut zugeführt. Zwei integrierte

Wärmetauscher bedienen sich gegenseitig, indem die beim Kühlen aufgenommene Wärme im anschließenden Wärmetauscher als abzugebende Energie zur Wiedererwärmung der Luft verwendet wird. Der Umluftkondensator arbeitet komplett abluftfrei, was somit keine aufwändigen bauseitigen Abluftverrohrungen erfordert.

Der Einsatz des Umluftkondensators zeigt auch ökologisch wesentliche Vorteile. Es werden bis zu 50% weniger Strom und bis zu 90% weniger Wasser verbraucht, was nachweislich zur Nachhaltigkeit beiträgt.

Die Vorteile im Überblick:

- Einsparung elektrischer Heizenergie für das Waschwasser
- Rückgewinnung von Wasser und Chemie aus der abgesaugten Luft
- Keine Abluftleitung von der Anlage bauseits notwendig
- Stabile Prozesstechnik
- Verwendung der trockenen, warmen und filtrierten Luft für das Abblasen und Trocknen der Bauteile und des Roboters
- Nur sehr geringe Menge von Kühlwasser notwendig.

Bild 3-13: Roboterwaschzelle mit Umluftkondensator

b. AquaCannon™

In Kooperation mit Forschungseinrichtungen sorgen TMS Ingenieure dafür, dass die TMS Produkte den kontinuierlich steigenden Anforderungen der Kunden an Reinigungsqualität, sowie an ökologische und ökonomische Aktualität entsprechen. So wurde auch zum, von VALIANT Kanada patentierten, AquaCannon™ System eine Diplomarbeit zur stromtechnischen Analyse und Optimierung an der Fachhochschule Aachen verfasst.

Das patentierte AquaCannon™ System (siehe Bild 3-14)wurde entwickelt, um verklemmte Späne nahezu 100%ig aus Wasser- und Ölräumen von Kurbelgehäusen, Zylinderköpfen oder anderen ähnlichen Teilen zu beseitigen. Das Reinigungsmedium trifft impulsartig mit einer Strömungsgeschwindigkeit von bis zu 25 m/Sek durch ein speziell entwickeltes Rohrleitungs- und Düsensystem in das zu reinigende Werkstück ein. Der entstehende Druckaufbau an den Spänen bewirkt eine Verformung und Ablösung der eingeklemmten Späne. Das nachströmende Reinigungsmedium sorgt für spanfreie Werkstücke.

Bild 3-14: Reinigungstechnologie AquaCannon™

Dieses System arbeitet besonders energieeffizient und kann durch Robotertechnik flexibel genutzt werden. So werden beispielsweise aktuell bis zu zehn verschiedene Bauteiltypen mit einer Taktzeit von ca. 20 Sekunden in einer Anlage gereinigt.

Technologische Innovationen wachsen mit Kooperationen. Besonders Universitäten und Fachhochschulen tragen maßgeblich zur Umsetzung und Realisierung solcher bei. Für Innovationen im Anlagenbau sind Kooperationen dieser Art zukunftsweisend und von essentieller Bedeutung.

3.8 Kooperative Neuproduktentwicklung im Handwerk – Das beschusshemmende Sicherheitsfenster Secure V-Tec

Eduard Brammertz (Senior),
Geschäftsführer

Max Brammertz (Junior),
Geschäftsführer

Schreinerei Brammertz GmbH

Alice Brammertz,
Prokuristin

Schreinerei Brammertz GmbH

„Innovationsprozesse gelten als Domäne von Naturwissenschaftlern oder Ingenieuren. Wenn Persönlichkeiten bedeutsam sind, dann technische Experten, Tüftler, Erfinder, deren Ideen sich durch Patente schützen lassen."[1]

Auf Basis dieser Einschätzung erschließt sich, warum die erste Assoziation des Begriffs Innovation – fatalerweise – nicht zwingenderweise das Handwerk einschließt.[2] Handwerksbetriebe stellen in der Region der Handwerkskammer Aachen einen wesentlichen Wirtschaftsfaktor dar: über 16.200 Handwerksbetriebe erwirtschaften mit 100.000 Beschäftigten jährlich ca. 10 Mrd. € Umsatz.[3] Entgegen des Vorurteils, dass Innovationen in großen Unternehmen mit eigener Forschungs- und Entwicklungsabteilung entstehen, zeichnet sich das Handwerk insbesondere dadurch aus, dass es stets auf Strukturwandel in der Wirtschaft reagierte, indem es sich selbst erneuerte und auf diese Weise Wandel vorangetrieben hat. Vor allem sind Handwerksbetriebe durch inkrementelle Innovationsprozesse geprägt, die Weiterentwicklungen und Anpassungen vorhandener Prozesse oder Produkte darstellen.[4] Gerade diese Innovationen ermöglichen das Auffinden neuer Nischen und anwenderspezifischer Entwicklungen, die dennoch kreative und erforderliche Beiträge für den Wandel repräsentieren.

Es wird deutlich, dass Handwerksbetriebe sehr wohl innovieren. Im Gegensatz zu anderen Unternehmen verfügen Handwerksbetriebe jedoch selten über eine institutiona-

---

[1] Hauschildt, J. (2001), S. 21.
[2] Vgl. Lahner, J. (2004), S. 1.
[3] Vgl. Handwerkskammer Aachen (2013)
[4] Vgl. Lahner, J.; Müller, K. (2004), S. 1.

lisierte Forschung und Entwicklung in der Form eigener Abteilungen. Innovationen sind daher in dieser Branche als diskontinuierlicher Prozess aufzufassen. Zur Entwicklung neuer Prozesse oder Produkte wird auf das Wissen und Können der Mitarbeiter zurückgegriffen, welches diesen innewohnt. Oftmals führt auch klassisches „Tüftlertum" zu Innovationen: ausgeprägtes Anwenderwissen wird mit Kreativität kombiniert und resultiert aus der Unzufriedenheit über bisherige Lösungen.[5] Dieses Tüftlertum verknüpft mit der Kenntnis über Absatzmärkte sowie vorhandener, latenter Bedürfnisse führt zum Garant für erfolgreiche Innovationen.

Die oben beschriebene Situation trifft ebenfalls auf die Firma Brammertz GmbH aus Kornelimünster zu. Die Schreinerei Brammertz GmbH blickt auf eine weite Historie zurück. Gegründet im Jahre 1912 wird das Unternehmen heute bereits in der 3. und 4. Generation geführt. Die 26 Mitarbeiter sind schwerpunktmäßig mit der Herstellung und Montage von Holzfenstern, -türen und -toren befasst.[6] Im Fensterbau liegt der Fokus insbesondere auf Einbruchschutz, der durch mit speziellem Glas besetzten Fensterrahmen sowie einer spezifischen Beschlagtechnik gewährleistet wird. [7]

Aus der Praxis heraus ist dem Unternehmen bekannt, dass es bislang nur schusssichere Fenster aus Stahl, nicht jedoch aus Holz gibt. Die Innovation eines Sicherheitsfensters aus Eichenholz mit Spezialeinlage bedeutet Vorteile in entscheidenden Bereichen im SI-Fenster-Sektor. Genauso schusssicher wie bewährte Stahlfenster-Konstruktionen, aber mit allen thermischen, optischen, bauphysikalischen und gestalterischen Vorteilen eines Holzfensters, das heißt konkret:

- Ökologie: Die thermischen Eigenschaften des Werkstoffes Holz bieten unter allen energetischen und ökologischen Gesichtspunkten unserer Zeit, enorme Vorteile. Gegenüber den thermischen Schwachpunkten schusssicherer Fenster aus Stahl oder mit Stahleinlagen, bedingt durch den hohen Wärmeübertragungs-Koeffizienten von Stahl, ist das Si-Holzfenster der energetische Sieger.
- Ästhetik: Sicherheit wird wohnlich und unsichtbar verpackt: Ein Sicherheitsfenster mit Wohlführcharakter, das allein optisch durch wertiges Eichenholz einzigartig ist.
- Bauphysik: Weltweit, durch den technischen Aufbau der Spezialeinlage und des neuartigen Glases, eines der leichtesten und schmalsten Sicherheitsfenstern auf dem Markt. Durch die reduzierte Breite kann es auch in Bestandsbauten mit gegebenen schmaleren Mauerstärken nachgerüstet werden.
- Flexibilität: Das erste Si-Fenster, welches die enorme Flexibilität des Werkstoffes Holz bei Gestaltung und Herstellung bietet. Kundenwünsche und bauphysikalische Gebäude-Eigenheiten können hierdurch individuell beantwortet werden. Bei Nachrüstung von SI-Fenstern in denkmalwerten Gebäuden können historische Merkmale bewahrt werden.

---

[5] Vgl. Lahner, J.; Müller, K. (2004), S. 2ff.
[6] Vgl. Schreinerei Brammertz (2013)
[7] Vgl. Heinen, E. et al. (2005), S. 34.

Durch Zufall wird auf einem Seminar für Sicherheitstechnik durch den Inhaber Kontakt zur Fachhochschule Aachen geknüpft. Aufgrund des gemeinsamen Forschungsinteresses in der Sache schließt man sich zu einer Kooperation zusammen. Seitens der Schreinerei Brammertz GmbH wird das Fachwissen eingebracht, seitens der Fachhochschule Aachen befassen sich Studenten unter Betreuung ihres Professors mit dem Vorhaben. In enger Abstimmung zwischen Unternehmen und Hochschule wird zunächst eine Bedarfsanalyse für Personenschutztechnik im Glas- und Fenstermarkt durch die Studenten durchgeführt. Aus der Tatsache, dass Fenster mit Holzrahmen der höchsten Beschussklasse FB 7/BR 7 – diese hält panzerbrechende Munition ab (Bild 3-15) – noch nicht existieren, folgt schließlich die Zielsetzung.

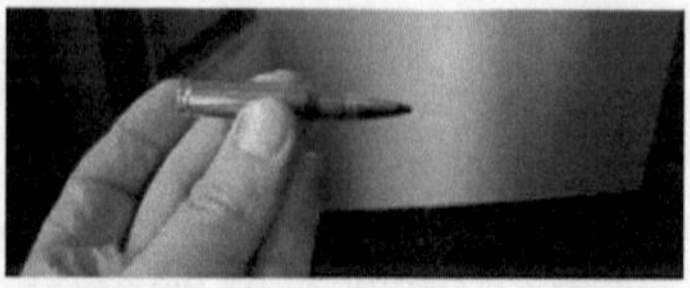

Bild 3-15: Panzerbrechende Munition aus dem Beschusstest

Zwecks Förderung der Entwicklungskosten bewerben sich das Unternehmen sowie die Fachhochschule Aachen erfolgreich für das Zentrale Innovationsprogramm Mittelstand (ZIM) des Bundesministeriums für Wirtschaft (BMWi). Über die Förderrichtlinie ZIM-Kooperationsprojekte kann ein erheblicher Teil der Entwicklungskosten durch eine öffentliche Förderung getragen werden. Das Entwicklungsteam wird schließlich noch durch einen ehemaligen Mitarbeiter der Bundeswehr verstärkt, der im Zuge seiner damaligen Tätigkeit Beschusstests durchführte. Es folgt ein iterativer Prozess: Glas, Rahmenmaterial und Verbundstoffe werden kombiniert und das so konzipierte Fenster einem Beschusstest unterzogen. Dies erfolgte solange, bis dasjenige Fenster vorlag, das einen Wärmedurchlaßkoeffizienten von 1,1-1,2 W/m²K aufweist, was für schusssichere Elemente ein bemerkenswert guter Wert ist.

Zudem wiegt das entwickelte Fenster ca. ein Drittel weniger als die beschusssicheren Stahlvarianten und erfüllt die Voraussetzungen der aktuellen Energieeinsparverordnung. Neben den technischen Anforderungen kann das in Kooperation mit der Fachhochschule Aachen entwickelte Sicherheitsfenster auch optisch überzeugen. Der Antrag auf Patent für das Fenster wurde gestellt.

Bild 3-16: Die den Beschusstests unterzogenen Sicherheitsfenster

Die beschriebene Kooperation beschreibt nicht nur exemplarisch den Prozess einer Neuproduktentwicklung im Handwerk, sondern legt dar, dass Hochschulen und Handwerksbetriebe systematisch und erfolgreich kooperieren können. Durch spezifische Problemlösung kann das Unternehmen nun eine Marktnische erfolgreich bedienen und besitzt auf Basis seiner Fachkompetenz einen Wettbewerbsvorteil, der nicht leicht zu imitieren ist. Durch die Kooperation mit der Fachhochschule konnten Kompetenzen erschlossen bzw. Kapazitätsengpässe überwunden werden. Für eine ausführliche Marktanalyse im Vorfeld eines F&E-Projekts fehlen kleinen und mittelständischen Handwerksbetrieben oftmals die personellen Ressourcen.[8] Diese konnten durch die Einbindung der Studierenden erfolgreich ergänzt werden und durch einen engen Abstimmungsprozess wurde die Umsetzungsfähigkeit der Neuproduktentwicklung sichergestellt.

Abstrahiert von diesem Kooperationsbeispiel bleibt festzuhalten, dass es Innovationen im Handwerk dienlich ist, dem hier beschriebenen Zufall „auf die Sprünge" zu helfen. Hochschulen und Handwerk können im Rahmen von Kooperationen Wertschöpfung und somit gesellschaftliche Mehrwerte realisieren, dazu müssen sie zueinander finden. Dies kann erreicht werden, indem die Berührungsängste und möglichen Hemmschwellen auf beiden Seiten abgebaut werden. Ein möglicher Weg ist daher die Vernetzung, etwa über Netzwerke oder – wie im hiesigen Beispiel – Weiterbildungsformate. Darüber hinaus bedarf es aber einerseits auch des Muts seitens der Handwerksbetriebe, innovative Projekte im Tagesgeschäft voranzutreiben. Andererseits sind Hochschulen – wie etwa die FH Aachen im beschriebenen Beispiel – gute Kooperationspartner für das Handwerk, wenn sie eine grundlegende Offenheit und Kooperationsbereitschaft ggü. dem Handwerk mitbringen.

[8] Vgl. Lahner, J. (2004), S. 174f.

Literaturverzeichnis

Handwerkskammer Aachen, www.hwk-aachen.de

Hauschildt, Jürgen (2001): Aufgaben eines postindustriellen Innovationsmanagement, in: Frankfurter Allgemeine Zeitung Nr. 180, 06.08.2001, S. 21.

Heiler, Mathias (2012): Handwerk und Wissenschaft erfolgreich Hand in Hand. Im Pudding bleibt jede Kugel stecken, in: GFF- Das Magazin für Produktion und Montage, Heft 10/2012, S. 96-97.

Heinen, Ewald; **Ritter, Albert**; **Schulte, Achim**; **Zühlke-Robinet, Klaus** (2005): Erfolgreich gestaltete Innovationen in Handwerksbetrieben, Praxisbeispiele vorbildlicher Lösungen. Verlag Dr. Jochem Heizmann, Ingolstadt.

Lahner, Jörg (2004): Innovationsprozesse im Handwerk. Göttinger Handwerkswirtschaftliche Studien, Band 69. Mecke Druck, Duderstadt.

Lahner, Jörg; Müller, Klaus (2004): Innovationen im Handwerk. Göttinger Handwerkswirtschaftliche Arbeitshefte, Heft 54

Schreinerei Brammertz GmbH, www.brammertz-schreinerei.de

3.9 Ein selbstorganisatorischer online-Marktplatz für Erfindungen – eine längst überfällige Entwicklung

Dr.-Ing. Klaus Castell
Partner der Kanzlei Liermann-Castel

Einleitung

Ein Erfinder entwickelt eine neue Idee, die marktwirtschaftlich relevant ist. Häufig braucht der Erfinder aber einen Partner, um sie umzusetzen. Die Suche nach einem geeigneten Interessenten gestaltet sich in der Praxis häufig schwierig. Aber nur wenn Erfinder und Interessent zusammenkommen, kann aus der Idee ein wirtschaftlicher Erfolg werden.

Eine durchdachte Plattform im Internet könnte weitgehend selbstorganisatorisch Erfinder und Interessent zusammenbringen und so helfen diese Lücke zwischen Erfindung und markwirtschaftlicher Umsetzung zu schließen. Diese Chance sollten auch die Hochschulen für sich nutzen.

Der Status-Quo

Traditionell versuchen Patentverwerter, die Lücke in der Partnersuche zwischen Erfindung und Markteintritt zu schließen. Verwertungsorganisationen haben aber oft Schwierigkeiten, den auflaufenden Kosten für Personal und Schutzrechte entsprechende Erträge gegenüber zu stellen.

Bereits existierende Portale für Erfinder versuchen hier eine kosten- und damit risikoarme Alternative zu bieten. Bisher konnte sich jedoch keine Plattform derart durchsetzen, dass sie von tatsächlicher Relevanz wäre. Manche sind benutzerunfreundlich, bei anderen sind die Gebühren für das Einstellen einer Erfindung zu hoch oder das Niveau der eingestellten Erfindungen zu unterschiedlich. Durchweg allen fehlt bisher die kritische Masse, um sie zu einem attraktiven Erfindungsmarktplatz zu machen.

Der Invention Store

Seit 1994 haben sich mehrere Patent-, Verwertungs- und Technologietransferagenturen als TechnologieAllianz zusammengeschlossen. Dieser Zusammenschluss repräsentiert über 200 wissenschaftliche Einrichtungen. Auf der durch die TechnologieAllianz[1] betriebenen, Plattform – dem Invention Store[2] – finden sich nach Hochschulen oder Sachgebieten sortierbar derzeit ca. 2000 Erfindungen. Das Neue an dieser Plattform ist, dass jede neu eingestellte Erfindung per Mail demjenigen zugesandt wird, der sich dafür interessiert. Jeder kann kostenfrei auf der Plattform angeben, für welches Thema er sich interessiert, und dann wird ihm kostenfrei zu jeder für ihn relevanten Erfindung per Mail eine Kurzbeschreibung zugesandt.

Ein Mitglied der TechnologieAllianz erstellt die Beschreibung der Erfindung und dient als Vermittler zwischen interessiertem Unternehmen und Erfinder. Die eingestellten Erfindungen müssen schutzrechtlich gesichert sein. So wird ein qualitativer Mindeststandard gesichert[3].

Die Schritte zu einem Eintrag im Invention Store

Auf dem Weg zu einem Eintrag im Invention Store durchläuft eine Erfindung drei Schritte: Die Erfindung muss schutzrechtlich gesichert werden, eine Beschreibung muss erstellt werden und Firmen müssen auf den Invention Store hingewiesen werden.

Um seine Erfindung zu schützen, bevor sie Dritten öffentlich zur Verfügung gestellt wird, sollte der Erfinder sie beim Deutschen Patent- und Markenamt anmelden. Dabei ist es sinnvoll, wenn die Erfindungsbeschreibung sehr ausführlich ist und vor der Anmeldung von einem Patentanwalt durchgesehen wird. Dies kann ein Patentanwalt für eine Anmeldepauschale anbieten. Bereits eine einfache Patentanmeldung, die zwar ausführlich ist aber nicht alle Formerfordernisse erfüllt, sichert dem Erfinder das Recht, innerhalb des folgenden Jahres eine aufwändig ausgearbeitete Patentanmeldung für Deutschland, Europa oder als internationale Anmeldung einzureichen.

Diese Erfindungsbeschreibung wird anschließend in eine sinnvolle Erfindungspräsentation umgewandelt. Hierbei helfen die Mitglieder der TechnologieAllianz gegen eine Präsentationspauschale.

Letztlich müssen relevante Firmen auf die Plattform zugreifen. Hier hilft, dass jeder Erfinder daran interessiert sein wird, dass ihm bekannte Firmen auf der Plattform angeben, an welchen Themen sie interessiert sind. Alle teilnehmenden Erfinder, Unternehmen und Hochschulen werden daher von sich aus Unternehmen motivieren teilzu-

1 Siehe folgende Kurzbeschreibung der TechnologieAllianz: „Industrie, kleine und mittlere Unternehmen (KMU) und Existenzgründer finden bei der TechnologieAllianz eine Auswahl wirtschaftlich interessanter Erfindungen deutscher Hochschulen und außeruniversitärer Forschungseinrichtungen – zentral abrufbar, professionell schutzrechtlich gesichert und kundenorientiert aufbereitet. Über 100 Innovationsberater mit ausgewiesener Fach- und Branchenexpertise stehen als qualifizierte Ansprechpartner zur Verfügung. Zusätzlich finden Sie Technologie-Angebote von externen Partnern, die nach den Qualitätskriterien der TechnologieAllianz ausgearbeitet wurden." abrufbar unter http://www.technologieallianz.de/angebote.php zuletzt zugegriffen am 4. März 2013.

2 Siehe für eine Beschreibung des Invention Store http://www.technologieallianz.de/angebote.php?sort=match zuletzt zugegriffen am 4. März 2013.

3 Siehe für eine Beschreibung einer Hinterlegung http://www.qlc.de zuletzt zugegriffen 4. März 2013

nehmen. Jedes der heute etwa 1000 teilnehmenden Unternehmen hat Zugriff auf alle Erfindungen der 200 wissenschaftlichen Einrichtungen.

Die Chancen aus Hochschul-Perspektive

Gerade im Hochschulbereich gibt es sehr viele Ideen und keiner kann mit hinreichender Sicherheit sagen, welche Ideen marktwirtschaftlich relevant und verkaufbar sind. Dazu werden bisher aufwändige Recherchen zur Erfindungshöhe und zu möglichen Interessenten gemacht. Darauf aufbauend werden einzelne Erfindungen freigegeben und in andere Erfindungen wird Geld investiert. Dann werden Interessenten gesucht, mit denen verhandelt wird. Während dessen steigen die Kosten für Patentanmeldeverfahren und Vertragsverhandlungen. Hier bietet der Invention Store eine attraktive Alternative.

Eine Hochschule kann ein standardisiertes Verfahren einführen. Die Erfindungsmeldung wird hinterlegt und sofort anschließend wird eine Erfindungspräsentation im Invention Store veröffentlicht. Dafür fallen als Kosten eine Anmeldepauschale und eine Präsentationspauschale an. Wenn sich ein Jahr lang keiner für die Erfindung interessiert, kann die Hochschule die Erfindung freigeben. Wenn sich hingegen eine Firma interessiert, dann sollte die Firma eine Interessentenpauschale an die Hochschule entrichten. Wenn sich weitere Unternehmen interessieren, dann ist auch von diesen weiteren Unternehmen jeweils eine Interessentenpauschale zu entrichten. Gibt es nur einen Interessenten, dann bietet die Hochschule dem Interessenten die Anmeldung beispielsweise für die doppelte Interessentenpauschale an. Gibt es mehrere Interessenten, dann geht die Anmeldung an denjenigen, der am meisten bietet.

Ein strategisch durchdachter Einsatz des Invention Store könnte so helfen Kosten zu minimieren und frühzeitig Gewinne zu erzielen.

Das vorgeschlagene System ist transparent und für jeden nachvollziehbar. Dieser positive Aspekt erschließt andererseits die Möglichkeit, zu versuchen, das System zu umgehen. Da jedoch in der Regel alle teilnehmenden Firmen zueinander in einem Wettbewerbsverhältnis stehen und sich jederzeit weitere Firmen durch Zahlung einer Interessentenpauschale beteiligen können, ist es schwierig, einzelne Firmen zu bevorzugen oder das System zu umgehen.

Die Hochschule profitiert von dem System, da die Kosten planbar und niedrig sind. Diesen Kosten stehen zeitnah Erlöse gegenüber. Kostenintensive Anmeldungen im Ausland werden vermieden. Die Hochschule hat ein System, in dem im ersten Jahr keine Entscheidungen zwingend notwendig sind. Trotzdem bleibt die Hochschule frei in ihren Entscheidungen, um beispielsweise eine internationale Anmeldung einzureichen, wenn sie dies für richtig erachtet.

Auch der Erfinder profitiert von einem einfachen, durchschaubaren, preisgünstigen System, da es ermöglicht, viele Erfindungen anzumelden und zu vermarkten. Im Erfolgsfall wird von jeder Erfindung ein Drittel der Erlöse an den bzw. die Erfinder ausgeschüttet. Der Erfinder erhält zu seiner Erfindung eine objektive Einschätzung, ob und gegebenenfalls welche Unternehmen an seiner Erfindung ein Interesse haben.

Letztlich profitieren auch die Unternehmen. Sie sehen im Invention Store, welche Hochschulen in welchen Bereichen forschen. Sie sind sich sicher, dass keine Hochschulergebnisse unbemerkt in die Hände von Mitbewerbern gelangen. Jedes Unternehmen wird kostenlos vom Invention Store informiert und es kann für eine fixe Pauschale die Nutzungsrechte an einer Erfindung erwerben.

Die Zukunftsperspektive

Die praktische Umsetzung ist jederzeit möglich. Die Hochschulen können mit Mitgliedern der TechnologieAllianz zusammenarbeiten, sie können selber Mitglied der TechnologieAllianz werden oder sie können über eine Mitgliedschaft der IHK oder anderer Technologietransfereinrichtungen bei der TechnologieAllianz deren Invention Store nutzen. Jeder, der den Invention Store bekannt macht, setzt sich für alle teilnehmenden 200 Forschungseinrichtungen ein.

Der erste Schritt zu einem sebstorganisatorischen online Marktplatz ist, dass eine Hochschule selber entscheiden darf, ohne aufwändige Prüfung alle gemeldeten Erfindungen günstig anzumelden und in den Invention Store zu setzen. Dadurch hat jeder Hochschulerfinder die gleiche Chance und der Vermarktungsaufwand wird minimiert. Nicht ein Vermarkter sondern die Resonanz auf die Veröffentlichung der Erfindung entscheidet über deren Schicksal. Wie bei Ebay bestimmt der Markt den Preis und auch weniger relevante Erfindungen können schnell verkauft werden.

Seit kurzem können auch Unternehmen und freie Erfinder den Invention Store nutzen. Das ist nur der Anfang. Der Invention Store könnte auch für ausländische Forschungseinrichtungen geöffnet werden. Nicht nur Unternehmen sondern auch verschiedene Vermarkter könnten Nutzungsrechte an den Erfindungen erwerben und weiterveräußern. In Zeiten von Internet und open-Innovation ist es an der Zeit, dass endlich ein funktionierender online-Marktplatz für Erfindungen geschaffen wird.

4 Aus- und Weiterbildung

Das vorliegende Kapitel umfasst Beiträge, die das breite Spektrum der Ingenieurausbildung an Hochschulen widerspiegeln. Es wird deutlich, dass eine umfassende Ingenieurausbildung heutzutage nicht nur den sicheren Umgang mit aktuellen Technologien vermitteln muss. Sie übermittelt ebenso ein betriebswirtschaftliches Grundverständnis und bereitet die angehenden Ingenieure auf künftige Situationen in Unternehmen vor. Des Weiteren wird beispielhaft gezeigt, dass die Bearbeitung realer Fragestellungen wesentlicher Bestandteil eines exzellenten Ingenieurstudienganges ist, der nicht nur für die Studierenden sondern auch für die Unternehmen einen hohen Mehrwert bietet.

4.1 Konstruktion im Wandel: Von der Technischen Zeichnung zum 3D-Produktmodell

Prof. Dr.-Ing. Hans-Josef Cordewiner

Lehrgebiet Konstruktion und CAD in der Luft- und Raumfahrttechnik, FH Aachen (bis März 2012)

Lehrbeauftragter im Fachbereich Luft- und Raumfahrttechnik, Fachhochschule Aachen

Die Sprache des Ingenieurs ist die Technische Zeichnung. Die Anfänge reichen bis weit ins Mittelalter zurück, wobei diese Tätigkeit nur von wenigen hoch begabten Menschen ausgeführt wurde. Einige der ältesten und wohl auch berühmtesten Technik-Zeichnungen stammen von Leonardo da Vinci. In der folgenden Zeit wurden Spezialisten dieser Kunst von Zünften und Klosterschulen ausgebildet. Die Entwicklung zu der uns bekannten Form erfolgte erst mit der Wende vom 19. zum 20. Jahrhundert im Zuge einer sich drastisch verändernden industriellen Arbeitswelt.

Die Technische Zeichnung ist Informationsträger. Sie dient dem Gedankenaustausch der Ingenieure untereinander und schafft eine Brücke zu anderen Anwendungen und Bereichen im Unternehmen wie etwa Fertigung, Montage und Wartung. Die Aussage der Technischen Zeichnung muss umfassend, vollständig und für jeden Techniker eindeutig verständlich sein. Grundlage dieser gemeinsamen Sprache sind Vereinbarungen, Regeln und Standards: die Normen. Das Deutsche Institut für Normung e. V. wurde 1917 gegründet. Industrie, Handwerk, Wissenschaft, Staat und technische Überwachungsinstitutionen haben sich hier zusammengefunden, um den Stand der Technik zu ermitteln und diesen unter Berücksichtigung neu gewonnener Erkenntnisse in Regelwerke umzusetzen. Heute im Zuge der Globalisierung und eines freien Welthandels erfolgen mehr als 80% aller Normungsaktivitäten auf europäischer und internationaler Ebene.

Bis weit in die siebziger Jahre hinein dominierte die klassische Form der Zeichnungserstellung. Konstruktionen, Entwürfe und Fertigungsunterlagen wurden mittels Bleistift oder Tusche auf Zeichenkarton oder Transparentpapier ausgeführt. Das Zeichnen von waagerechten, parallelen oder senkrechten Linien wurde dabei durch Anlageschienen mit Dreiecken, Zeichenplatte oder komfortabel durch Zeichentische mit Parallelführung und Winkelkopf unterstützt.

Ingenieure und Techniker müssen in der Lage sein, dreidimensional zu denken, aber zweidimensional in Projektionen, Ansichten und Schnitten zu arbeiten. Grundlage dieser Arbeitsweise ist die Darstellende Geometrie. Als Begründer gilt der französische Mathematiker Gaspard Monge (1746 bis 1818). Die Darstellende Geometrie untersucht und lehrt, wie räumliche Gebilde mit geometrischen Methoden zweidimensional dargestellt werden können. Dabei muss es umgekehrt auch möglich sein, aus der Abbildung in der Zeichenebene das dargestellte Objekt eindeutig zu erkennen und maßlich exakt zu bestimmen.

Bis in die achtziger Jahre hinein erstreckte sich die Ingenieurausbildung dementsprechend auch ausschließlich auf konventionelle Formen der Konstruktion. So wurden an Universitäten und Fachhochschulen in den ersten Semestern des Grundstudiums zunächst die Grundlagen der Darstellenden Geometrie und des Technischen Zeichnens vermittelt. Durch die Darstellung von Ebenen im Raum und die orthogonale Projektion, durch die Ermittlung von Spuren und Durchstoßpunkten und die Konstruktion von Kurven sich durchdringender Flächen wurde das räumliche Vorstellungsvermögen geschult und Lösungsmethoden vermittelt. Beim Technischen Zeichnen reichte die Bandbreite von der Inhaltsvermittlung zu grundlegenden Normen beispielsweise zu Ansichten, Schnitten, Einzelheiten etc. bis hin zur Erläuterung von komplexen Sachverhalten und Zusammenhängen in Verbindung mit Maß-, Form- und Lagetoleranzen. Durch parallel angebotene Lehrveranstaltungen zu Maschinenelementen wurde der Student in die Lage versetzt, Komponenten und Bauteile beanspruchungsgerecht auszuführen und in die Konstruktion zu integrieren.

Der Gesamtzusammenhang wurde im Rahmen eines ausgeprägten und über zwei Studiensemester verlaufenden Konstruktionspraktikums hergestellt. Hier wurden Komponenten und Baugruppen zu Maschinen und Anlagen in der Art eines Pflichtenheftes beschrieben und ein zeitlicher Rahmen für die Bearbeitung gesteckt. Ausgehend vom konstruktiven Entwurf bis hin zur konventionell erstellten Fertigungszeichnung mussten alle Phasen der Konstruktion vollständig durchlaufen und der Spannungsnachweis für kritische Komponenten geführt werden. Während dieser in der Regel einsemestrigen Arbeit wurden die Studenten in kleinen Gruppen intensiv durch Professoren und Lehrbeauftragte aus der Industrie in ihrer Arbeit angeleitet, unterstützt und betreut.

Etwa Mitte der siebziger Jahre wurden auf Fachmessen die ersten CAD-Systeme präsentiert, die sich für einen breiteren Einsatz in der industriellen Praxis eigneten. Mit Ausnahme einiger weniger Nischensysteme für spezielle Anwendungen waren die Anlagen rein graphisch orientiert, die 2D-Zeichnungserstellung stand im Vordergrund. Mit der Entwicklung des Pen-Plotters wurde es erstmals möglich, am Bildschirm erstellte Zeichnungen auf Papier auszugeben und gemeinsam mit konventionell erstellten Zeichnungen weiterzuführen. Zu Beginn der achtziger Jahre dann drängte die CAD-Technologie verstärkt in Richtung eines industriellen Einsatzes. Ein wesentlicher Grund für die Einführung von 2D-Systemen wurde in Rationalisierungseffekten durch die Reduzierung des planerischen Zeitanteils aufgrund der Systematisierung von Konstruktionsvorgängen gesehen. Fundierte Wirtschaftlichkeitsbetrachtungen waren allerdings in diesem Zusammenhang kaum möglich. Dennoch wurden von den Systemanbietern Beschleunigungsfaktoren von 3 bis 5 genannt. Konstruktionszeiten konnten dadurch verkürzt werden, dass die Variantentechnik verstärkt genutzt wurde. Geometrien wurden variabel generiert und in Bibliotheken abgelegt. Darüber hinaus war es möglich, vorhandene Geometrien auf einfache und zeitsparende Weise zu verändern. Der erzielbare Grad der Rationalisierung war dabei sicherlich in verstärktem Maße abhängig von der Konstruktionsart und bei reiner Neukonstruktion sicherlich deutlich geringer als bei der Varianten- oder Prinzipkonstruktion.

Neben der Zeitersparnis war darüber hinaus auch eine Qualitätssteigerung des Produktes erzielbar. So war es möglich, verstärkt auf vorhandene, erprobte und bewährte Lösungen zurückzugreifen und beispielsweise für schwierige Montagen Bewegungsabläufe in der Ebene zu simulieren.

Einführung und Anwendung der 2D-Arbeitstechnik waren mit zum Teil erheblichen Kosten verbunden und stellten für die Unternehmen sehr oft ein nicht zu unterschätzendes finanzielles Risiko dar. Neben den reinen Beschaffungskosten für Hard- und Software sowie den Kosten für die Ausbildung der Konstrukteure waren auch nicht unerhebliche Mittel für Systemwartung und Administration kontinuierlich erforderlich.

Die CAD-Software der meisten Anbieter war damals rechnergebunden. So musste das 2D-System CADIS der Firma Siemens auf einem Zentralrechner mit BS 2000 Betriebssystem installiert werden. Die Verbindung zu den CAD-Arbeitsplätzen in der Konstruktion erfolgte über Telefonleitung mit einer Übertragungsgeschwindigkeit von 9600 Baud. Beim Aufrufen einer DIN AO Zeichnung stand somit genügend Zeit für eine Zigarettenpause zur Verfügung. Um vier CAD-Arbeitsplätze bedienen zu können, verfügte der Zentralrechner über 8 MB Maschinenspeicher und 2 Plattenlaufwerken von je 126 MB; die benötigte Netzanschlussleistung betrug ca. 6,5 kVA. Man vergleiche diese Werte mit den Daten heutiger PCs.

Mit der Entwicklung der 3D-Technologie war man in der Lage, die Werkstückgeometrie vollständig zu beschreiben. 3D-Systeme sind heute längst keine "elektronischen Reißbretter" mehr sondern komplexe Werkzeuge, die den gesamten Lebenszyklus eines Produktes ausgehend von der Entwicklung bis hin zur Rezyklierung als Basistechnologie begleiten. Im Fokus unternehmerischer Strategien steht dabei die virtuelle Produktentwicklung. Gründe hierfür sind der Druck des Marktes hin zu schnelleren Produktzyklen, steigende Qualitätsansprüche und sinkende Margen in einem Umfeld, das geprägt ist durch einen sich ständig verschärfenden globalen Wettbewerb. In kürzerer Zeit müssen mehr Produktalternativen bearbeitet und zur Fertigungsreife gebracht werden. Darüber hinaus müssen neben der reinen Funktionalität zunehmend Wartung, Entsorgung und Rezyklierung der Produkte in die Bearbeitung einbezogen und Erkenntnisse als Rückfluss in die Neuentwicklung eingebracht werden, um dem wachsenden Umweltbewusstsein und den damit verbundenen gesetzlichen Vorschriften zu genügen. Diese gewaltigen Herausforderungen können nicht mehr lediglich durch Weiterbetreiben der herkömmlichen Rationalisierungsmaßnahmen gemeistert werden.

Die Verkettung der einzelnen Prozesse ist erklärtes Ziel der Industrie, ausgehend von der Entwicklung über Simulation und Berechnung bis hin zur NC gesteuerten Fertigung. Das 3D-CAD-Modell, auch Produktmodell genannt, bildet hier die wohl wesentlichste Grundlage. Der Konstrukteur ist dabei gezwungen, sein Bauteil im 3D-Raum losgelöst von Ebenen, Projektionen und Schnitten mit einer vollkommen veränderten Funktionalität der Systeme kreativ zu gestalten.

Neue Hard- und Softwaretechnologien haben neue Möglichkeiten geschaffen, die in Großkonzernen der Luft- und Raumfahrttechnik und des Automobilbaues heute durchgängig in den betrieblichen Ablauf integriert sind. Das "Virtual Prototyping" wird erfolgreich angewendet. Die sogenannten CAx-Technologien umfassen in diesem Zusammenhang das Produktdesign, die 3D-CAD-Konstruktion des Bauteils, die Simulation des Verhaltens im späteren Betrieb sowie die virtuelle Fertigung bzw. Produktion. Die Automobilhersteller sprechen von einer Zeit- und Kostenreduzierung zwischen 30 und 50 Prozent beim Einsatz dieser Technologie.

Produktdaten Management Systeme (PDM-Systeme) haben sich in den letzten 10 Jahren von der reinen Zeichnungsverwaltung zu einem integrierten Verwaltungssystem für das Produktdaten- und Prozessmanagement entwickelt. Mit Hilfe dieser Technologie können heute alle relevanten produktdefinierenden Daten erfasst, Arbeitsgruppen-übergreifend bereitgestellt, sowie Geschäftsprozesse abgebildet und gesteuert werden. Informationslogistik führt in den Unternehmen zur schnellen und gezielten Beschaffung von Dokumenten und Informationen, zur Senkung der Änderungszyklen und -kosten sowie zur Reduzierung der Teilevielfalt. Die Qualität der Informationen wird deutlich verbessert. Geschäftsprozesse des Unternehmens werden abgebildet, Abläufe nach Vorgaben gesteuert und somit transparent und nachvollziehbar. Entwicklungszustände werden dokumentiert und organisiert, so dass eine parallele Projektbearbeitung, das sogenannte simultane Engineering ermöglicht wird.

Gerade in der Luft- und Raumfahrttechnik sowie auch in der Automobilindustrie wird die CAx-Technologie auf breiter Basis und durchgängig eingesetzt. "x" steht dabei für ein breites Spektrum spezifischer Anwendungen, Werkzeuge und Tools zur Bearbeitung dezidierter Aufgabenstellungen.

Um eine praxisgerechte Ausbildung der Studenten an den Hochschulen zu gewährleisten, ist deshalb die intensive Einbeziehung dieser Techniken in Lehre und praktische Anwendung unerlässlich. An der Fachhochschule Aachen, Fachbereich Luft- und Raumfahrttechnik, wird die Konstruktionslehreausbildung der angehenden Ingenieure in zwei Module gegliedert. Im Modul I "Konstruktionsgrundlagen" werden Anwendung und Einsatz des CAD- Systems CATIA V5 von IBM/Dassault, das gerade im Flugzeug- und Automobilbau sowie in der Raumfahrttechnik eine große Verbreitung gefunden hat, intensiv geschult. Produktmodelle werden erzeugt, Baugruppen generiert und Zeichnungen abgeleitet. Ein weiteres wichtiges Ziel besteht nach wie vor in der Vermittlung von Grundlagen, Kenntnissen und Fähigkeiten zum Technischen Zeichnen. Ingenieure müssen Technische Zeichnungen lesen und verstehen können. Nicht zuletzt deswegen wird immer noch, wenn auch in einer gegenüber früheren Zeiten stark reduzierten Form, der konventionelle Weg der Zeichnungserstellung parallel beschritten. Zur Durchführung von Konstruktionen zu Bauteilen, Baugruppen und Anlagen gehören auch Auslegungsrechnungen kritischer Komponenten. Die Grundlagen hierzu werden in Vorlesungen Maschinenelemente vermittelt und in Übungen unmittelbar angewendet.

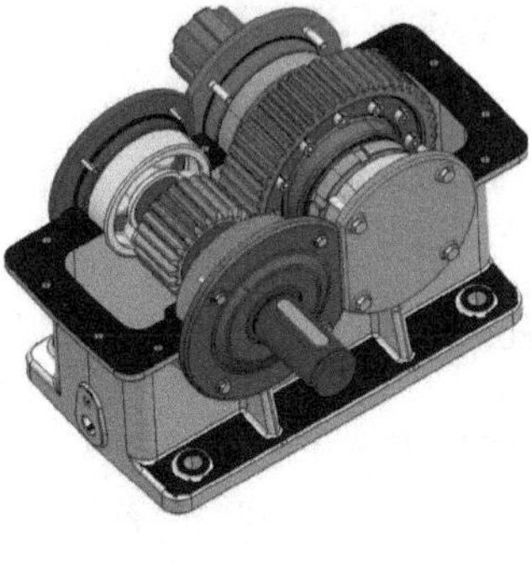

Zielsetzung im Modul II "Konstruktionslehre CAD" ist es, die Studenten an das kreative Konstruieren unter Einbeziehung der 3D-Technologie und an das Arbeiten im Team heranzuführen. Hierzu sollen Ideen, Konzepte und Lösungsansätze der lung zunächst in Skizzenform dokumentiert und in kleinen Gruppen mit Professoren und Lehrbeauftragten aus der Industrie diskutiert werden. Die technische Ausarbeitung und Aufbereitung erfolgt dann in einem sehr frühen Stadium unmittelbar 3D-gestützt, wobei die im Modul I erlernte Anwendung der CATIA V5 Module Part Design, Assembly und Drafting im vollen Umfange genutzt werden kann. Auslegungsrechnungen für hoch beanspruchte Bauteile sind auf der Basis der erlangten Kenntnisse der Module I und II durchzuführen.

Darüber hinaus wird im Rahmen der Masterausbildung das Studienfach „Advanced CAD“ angeboten. Hier sollen die Studenten in die Lage versetzt werden, eigenständig komplexe, virtuelle Flächenmodelle zu generieren, um diese dann in nachfolgenden interdisziplinären Anwendungen zu nutzen. Zu nennen sind hier unter anderem die Prototypenkonstruktion, Untersuchungen zur Qualität der Flächen, zu Fertigungsverfahren (NC-Technologie, Rapid Prototyping) und zum Crashverhalten. Auf der Basis spezifisch ausgearbeiteter und an den Bedürfnissen der Luft- und Raumfahrttechnik sowie des Karosseriebaus ausgerichteter Schulungsmaßnahmen erlernen die Studenten die Generierung und Modifikation, das Zusammenführen und die Analyse von komplexen Kurven und Flächen sowie die Integration von Solids in die Flächenverbände.

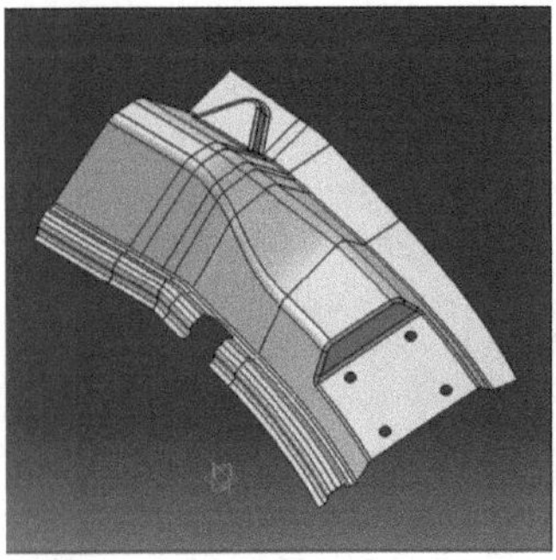

Vor dem Hintergrund dieses permanenten und schnellen Wandels im Bereich der Konstruktion kommt der Aus- und Weiterbildung bereits in der Praxis tätiger Ingenieure und Konstrukteure eine besondere Bedeutung zu. So wurden gemeinsam mit der Industrie- und Handelskammer in regelmäßigen zeitlichen Abständen insbesondere für kleine und mittelständische Unternehmen der Region Informationsveranstaltungen zu spezifischen Themenstellungen angeboten. Darüber hinaus war die FH Aachen auch an der Durchführung von Veranstaltungen im Rahmen des Fortbildungsprogramms der KFA-Jülich GmbH, dem heutigen Forschungszentrum Jülich, beteiligt. Hier wurde über einen längeren Zeitraum hinweg kontinuierlich ein breit gefächertes Themenspektrum angeboten und von den Mitarbeitern technischer Abteilungen intern und extern von Unternehmen der Region rege genutzt. Hier einige exemplarische Beispiele:

- Einführung in die praxisorientierte Anwendung von Maß-, Form- und Lagetoleranzen (Industrieseminar)
- Technische Mechanik, Statik und Festigkeitslehre, Spannungsnachweise
- Grundlagen der Konstruktionslehre I und II, Berechnung von Maschinenelementen
- Auslegungsrechnungen nach dem AD-Regelwerk
- Grundlagen der Werkstoffkunde und Werkstoffprüfung
- Lasergerechtes Konstruieren und Schweißen
- Einführung in die Arbeitstechnik des CAD-Systems Catia von IBM/Dassault

- 3D-Modellierung von Werkstücken in Catia, Kurven-, Flächen- und Volumenmodellierung, Anwendung für spezielle Einsatzgebiete.

Aus der in diesem Beitrag beschriebenen Entwicklung wird ersichtlich, dass die Aus- und Weiterbildung einer führenden Hochschule dem technologischen Fortschritt Rechnung tragen muss. Nur wenn die Studierenden praxisnah, d.h. eben auch basierend auf den jüngsten Technologien, ausgebildet werden, kann ein guter Übergang aus der Hochschule in das Arbeitsleben erfolgen. Die Fachhochschule Aachen ist diesbezüglich eine der führenden technischen Fachhochschulen, was durch regelmäßige Spitzenpositionen in Hochschulrankings belegt wird.

4.2 Fügetechnik an der FH Aachen – Aus- und Weiterbildung mit Praxisbezug

Dipl.-Ing. Hans Lingens, MBA, IWE

Fachbereich Maschinenbau und Mechatronik, Fachhochschule Aachen

Andreas Vollmann, EWI

Fachbereich Maschinenbau und Mechatronik, Fachhochschule Aachen

Die Fügetechnik als typische Querschnittstechnologie umfasst eine Vielzahl von Verfahren und Technologien. Neben den klassischen Schweißverfahren gehören hierzu auch viele neuere Technologien wie das Laserstrahlschweißen, das Elektronenstrahlschweißen oder das Rührreibschweißen. Gleichzeitig entwickeln sich viele Schweißverfahren natürlich weiter, was sich aktuell z.B. anhand innovativer MSG-Schweißstromquellen zeigt. Nicht zuletzt umfasst die Fügetechnik nicht nur das Schweißen, sondern auch das mechanische Fügen sowie das Kleben. Gerade diese beiden Technologien machen in den letzten Jahren rasante Fortschritte.

Ziel der Ausbildung an der FH Aachen ist es, diese große Bandbreite der Fügetechnik zu vermitteln und dabei den Anwendungsbezug in den Vordergrund zu stellen. Die Studierenden werden in die Lage versetzt, die zahlreichen Fügeverfahren einzuordnen und ihre Stärken und Schwächen zu beurteilen, um so in der Praxis geeignete Verfahren auszuwählen.

Vorlesung und Praktika

Neben den theoretischen Grundlagen werden in den Vorlesungen des Bachelorstudiums Anwendungsgebiete, Anlagentechnik sowie die typischen Einsatzgebiete vermittelt. Dazu werden an der FH Aachen auch Fachleute aus der Industrie hinzugezogen, die spezielle Verfahren anhand von Praxisbeispielen verdeutlichen. Diese realen Anwendungen geben den Studierenden einen guten Einblick in die berufliche Praxis und die komplexen Anforderungen beim Fügen. Auch wecken diese Beispiele bei den Teilnehmern oftmals die Begeisterung für die Fügetechnik. Neben den Verfahren wird an der FH Aachen insbesondere Wert auf den werkstoffkundlichen Aspekt des Schweißens gelegt. Die Praxis zeigt, dass aus Unwissenheit gerade hier zahlreiche Fehler passieren. Im Masterstudium werden spezielle Fügeverfahren aufgegriffen und vertieft. Hierzu gehört insbesondere die Klebetechnik, die hier mit einer eigenen Veranstaltung fester Bestandteil des Studiums geworden ist.

Ergänzend zu den Vorlesungen durchlaufen alle Teilnehmer ein fügetechnisches Praktikum in den Laboren der FH Aachen. Hier werden Vorführungen und Übungen zu Fügeverfahren unter der Leitung erfahrener Praktiker durchgeführt, so dass die Studierenden die Anlagen und Prozesse unmittelbar erleben und selber ausprobieren (Bild 4-1). Dies ermöglicht den Studierenden einen aufschlussreichen Blick durch den „Schweißschutzschirm" und gewährt ihnen damit einen Blick aus der Perspektive des Facharbeiters. Dies ist eine wertvolle Erfahrung für die Studierenden, die in der Praxis Produkte und Prozesse verbessern sollen.

Die moderne umfangreiche Ausstattung des Labors mit zahlreichen Schweißverfahren, einem Roboter sowie einem metallographischen Labor gibt den Studierenden einen weitgefächerten Blick auf praxisrelevante Aspekte des Fügens. Ein besonderes Augenmerk gilt auch hier der Vermittlung der Lehrinhalte anhand von Beispielen aus der Praxis.

Bild 4-1: Kunststoffschweißen im Praktikum an der FH Aachen

Kooperation mit der Handwerkskammer

Besonders motivierten Teilnehmern bietet die FH Aachen darüber hinaus noch ein weiterführendes Praktikum an. In Zusammenarbeit mit der Handwerkskammer Aachen können interessierte Studierende dort ein insgesamt 16-stündiges Schweißpraktikum unter der Leitung erfahrener Lehrschweißer durchführen und so noch mehr Praxiserfahrung sammeln. Diese seit mehr als 20 Jahre dauernde erfolgreiche Kooperation mit der Handwerkskammer Aachen stellt für die teilnehmenden Studierenden ein Highlight dar. Im Gegenzug arbeitet die FH Aachen regelmäßig in Meister- und Schweißfachmannkursen der Handwerkskammer mit. Hierbei werden im Schweißtechnischen Labor der FH Aachen zahlreiche Sonderverfahren vermittelt, die sonst nicht Bestandteil dieser Ausbildung sind. Diese Veranstaltung ist ebenfalls ein Spiegel der praxisrelevanten Probleme und führt zu einer „Win-Win"-Situation für das Schweißtechnische Labor. Hieraus ergeben sich häufig interessante Abschlussarbeiten und Kontakte zu Betrieben, die ansonsten die Zusammenarbeit mit Hochschulen eher scheuen.

Ausbildung zum Schweißfachingenieur

Aufgrund eines Abkommens des Schweißtechnischen Labors mit der Schweißtechnischen Versuchsanstalt Duisburg (SLV Duisburg) erlaubt die erfolgreiche Teilnahme der Studierenden an den o.g. Veranstaltungen die Anerkennung des Teil 1 der Schweißfachingenieurausbildung. Diese weltweit anerkannte Ausbildung stellt für Akademiker die höchste Qualifikation dar, die man in der Schweißtechnik erlangen kann und ermöglicht den Berufseinstieg in verantwortungsvolle Positionen. Seit etwa 10 Jahren wird diese Ausbildung in Aachen exklusiv für Studierende der Aachener Hochschulen angeboten. In den Semesterferien können Studierende die rund dreimonatige Ausbildung durchlaufen. In den letzten Jahren sind die Teilnehmerzahlen insbesondere der FH Aachen an diesem Kurs beständig gestiegen, so dass 2013 etwa 50 FH-Studierende den Kurs belegen. Zahlreiche Absolventen aus dieser Maßnahme bekleiden mittlerweile Führungspositionen im Bereich der Fügetechnik und es ist ein Netzwerk der Absolventen in diesem Bereich entstanden. Hierdurch findet ein reger Erfahrungs- und Wissensaustausch zwischen Hochschule und Industrie statt. Zudem kommt es häufig zu Vermittlung von Absolventen der FH Aachen in die entsprechenden Partnerunternehmen.

Abschlussarbeiten in Zusammenarbeit mit der regionalen Wirtschaft

Das Schweißtechnische Labor führt jedes Jahr zahlreiche Projekt- und Abschlussarbeiten durch. Dies erfolgt fast ausschließlich in Zusammenarbeit mit Industriebetrieben – vornehmlich klein- und mittelständische Betriebe aus der Region. In den meisten Fällen arbeiten die Studierenden im Betrieb und werden durch die Fachleute der FH unterstützt – z.T. werden auch Projekte in den Laboren der FH im Industrieauftrag durchgeführt. Bei all diesen Projekten steht der Praxisbezug im Vordergrund. Ziel ist es, auftretende Fragestellungen in den Betrieben zu lösen und technisch und wirtschaftlich sinnvolle Lösungen zu erarbeiten. Nicht selten führen diese Arbeiten zu einer langfristigen Zusammenarbeit mit den Industriepartnern und zu gemeinsamen Projekten. Eine weitere Besonderheit ist die grenzüberschreitende Zusammenarbeit mit Unternehmen aus den Beneluxstaaten. Hierbei lernen die Studierenden neben den fachlichen Aspekten, das Arbeits- und soziale Umfeld der Nachbarstaaten kennen und lernen sprachliche Barrieren zu überbrücken. Nicht selten resultieren auch hier aus den durchgeführten Abschlussarbeiten Anstellungen in den entsprechenden Firmen.

Kooperation mit anderen Hochschulen

Nicht zuletzt arbeitet das schweißtechnische Labor natürlich auch mit anderen Hochschulen zusammen. Allen voran sind hier das Institut für Schweißtechnik und Fügetechnik (ISF) der RWTH Aachen sowie das Fraunhofer Institut für Lasertechnik (ILT) zu nennen. In den langjährigen Kooperationen wurden und werden gemeinsame Forschungsprojekte durchgeführt. Besonders qualifizierte Absolventen der FH Aachen nutzen diese Zusammenarbeit z.B. für anschließende Promotionsarbeiten.

Nachwuchsförderung

Neben der Ausbildung der Studierenden bemüht sich das schweißtechnische Labor der FH Aachen auch um die Nachwuchsförderung. Durch zahlreiche Praktika und Workshops sollen bereits Kinder und Jugendliche die Faszination der Fügetechnik kennenlernen und dafür begeistert werden. Das Labor beteiligt sich an Veranstaltungen, die der Stärkung der regionalen Wirtschaft durch Vermittlung von jungen Fachkräften in den ländlichen Raum dienen. Diese Veranstaltungen werden durch den Technologietransfer der FH Aachen und die Wirtschaftsförderung der Städteregion Aachen im Rahmen des TeTTRA- Projektes in Form einer sogenannten „Jobexpedition" durchgeführt. Häufig werden hier die Industriepartner des Labors als Anlaufstation für Werksbesichtigungen genutzt. Weiterhin arbeitet das Labor im Rahmen von Praktika zur Berufsorientierung, Schnupperkursen, Girls Day etc. intensiv mit.

Bild 4-2: Vorführung von MSG-Schweißen im Rahmen einer Weiterbildung

Weiterbildung

Neben dem beschriebenen Angebot werden im Schweißtechnischen Labor auch Weiterbildungen für Fachkräfte aus regionalen Betrieben angeboten. Hierbei handelt es sich in der Regel um ein- bis dreitägige Workshops zur Theorie und Praxis einzelner Verfahren. Ziel ist es dabei, die Qualität der Schweißergebnisse und damit die Konkurrenzfähigkeit der Betriebe zu verbessern. Hierbei wird zunächst durch eine gemeinsame Bestandsaufnahme der Bedarf des Betriebes ermittelt. Somit lassen sich Schulungen maßgeschneidert auf die Bedürfnisse anpassen.

Fazit

Die FH Aachen will dem breiten Spektrum der Fügetechnik gerecht werden und den Studierenden eine gute Basis für den beruflichen Einstieg zu schaffen. Dabei legen die Verantwortlichen besonderen Wert auf Praxisnähe. Interessierten Studierenden bietet sich darüber hinaus ein vertiefendes Angebot an zusätzlichen Bildungsmöglichkeiten bis hin zum Schweißfachingenieur.

4.3 Fachhochschule Aachen und Isola GmbH Düren: Ein Beispiel gelungener Kooperation!

„Die Menschen werden durch Menschen gebildet – die Guten von Guten!"

(Johann Wolfgang von Goethe)

Karl Stollenwerk
President
Isola Europe

Dr. Manfred Cygon
Ehem. Direktor für Neue Anwendungen
Isola GmbH

Einleitung

Aus- und Weiterbildung ist, sowohl aus betriebswirtschaftlichen Aspekten als auch gesellschaftspolitisch betrachtet, unverzichtbar und für Isola seit langem eine sehr wichtige Aufgabe. Kooperationen mit Realschulen und Gymnasien und daraus resultierenden Schüler-Praktika, sowie die Ausbildung junger Menschen im gewerblichen und kaufmännischen Bereich, teilweise im Verbund mit anderen Industrieunternehmen im Raum Düren, belegen dies deutlich. Dennoch wurde es immer schwieriger als mittelständiges Unternehmen qualifizierte Fachleute zu gewinnen.

Auf einer Jobbörse der FH Aachen mussten wir dann lernen, dass viele Absolventen die Großunternehmen kennen und in der Folge auch kontaktieren, nicht aber die kmU, wie z. B. die Firma Isola im 30 km entfernten Düren. Wir wurden dann auf eine Veranstaltung mit dem Titel „Zukunftsinitiative Eifel" aufmerksam gemacht.

Zukunftsinitiative Eifel

Die nordrhein-westfälischen und rheinland-pfälzischen Eifel-Kreise, die Handwerks- und Industrie-und Handelskammern, sowie die Hochschulen der Region hatten dazu ein Strategiekonzept vereinbart, welches der Entwicklung der Wirtschaftsregion Eifel dienen soll. Unter dem Titel „Technologietransfer und Innovation" fand dazu am

18.12.2006 die Auftaktveranstaltung im Druckereimuseum Weiss in Monschau Imgenbroich statt. Die Ziele waren klar definiert:

- Kooperationen und Synergien zwischen kmU und Hochschulen im Rahmen von Diplomarbeiten, Studienarbeiten, Praxissemestern sowie Unternehmens- und Hochschulbesuche.
- Aufbau einer Job-, Praktikums- und Diplomarbeiten-Börse.
- Kooperationen und Synergien zwischen Eifel-Unternehmen.

Die Veranstaltung schien für uns das geeignete Podium für unsere Fragestellung zu sein, nämlich:

„Wie rekrutiert man qualifizierte Fachleute?"

Es stellte sich dann sehr schnell heraus, dass uns die Vorträge bereits die Antworten lieferten. Vor allem wurde die Wichtigkeit der Kontakte zur jungen Generation betont, um den zukünftigen Bedarf an hochqualifizierten Ingenieuren decken zu können. Nach Erfahrung der Fachhochschule Aachen umwerben die Großunternehmen gute Studenten schon sehr früh. Die Eifeler Unternehmen sind deshalb aufgefordert, mehr Präsenz an den Hochschulen der Region zu zeigen und Schwellenängste zu überwinden. Andererseits wurden aber auch die Hochschulen selbst ermutigt, die Kooperationen mit regionalen Unternehmen zu verstärken.

Praktische Umsetzung

Nach einer intensiven Vorbereitungsphase hat Isola dann mit der praktischen Umsetzung der Empfehlungen begonnen, denn wir waren von der Strategie der „Zukunftsinitiative Eifel" vollkommen überzeugt.

Zunächst wurde Anfang 2008 ein Kooperationsvertrag mit der FH Aachen und dem Lehrgebiet für Füge- und Trenntechnik abgeschlossen. Danach erstellte Isola eine Themenliste für Studien-, Diplom-, Bachelor- und Masterarbeiten. Die Themen kamen aus den Bereichen Fertigung, Entwicklung und Neue Anwendungen.

Bis heute sind daraus 3 Studienarbeiten, 7 Diplomarbeiten, 1 Bachelorarbeit und eine 1 Master-Arbeit entstanden. Die Ergebnispräsentationen dieser Arbeiten fanden in der Regel vor Ort statt (siehe Bild 4-3). Die Ergebnisse dieser Arbeiten waren überaus zufriedenstellend und belegen eindeutig, dass der von der „Zukunftsinitiative Eifel" aufgezeigte Weg, den wir in der Folge gemeinsam mit der Fachhochschule Aachen umgesetzt haben, richtig ist und konsequent weiter verfolgt werden muss.

Bild 4-3: Herr Horn nach bestandener Diplomprüfung (R. Deliege Isola), Prof. J. Gartzen, T. Horn, Dr. M. Cygon (Isola), K. Stollenwerk (Geschäftsführer Isola Europe)

Drei qualifizierte Nachwuchskräfte konnte Isola inzwischen über diesen Weg für das Unternehmen gewinnen. Die Rechnung ist also aufgegangen!

Ausgewählte Beispiele

Ein kurzer Blick auf die bearbeiteten Themen soll zeigen, dass Fragestellungen aus der Praxis und der wissenschaftliche Anspruch der Hochschulen durchaus in Einklang gebracht werden können. Um dies zu erreichen, hat ein kontinuierlicher Austausch – u.a. auch vor Ort in der Fertigung (siehe Bild 4-4) – stattgefunden.

Bild 4-4: Besuch der Isola-Fertigung: K. Stollenwerk (Isola), Prof. J. Gartzen, Dr. M. Cygon (Isola)

1) Alternative Anwendungen für Laminate (P. Hilbig, P. Fröhlig, L. Nguyen)
   In dieser *Studienarbeit* erarbeitete eine studentische Arbeitsgruppe Vorschläge für alternative Anwendungen von Laminaten. Ein Teil der Ideen wird intensiv verfolgt.

2) Flächige Wärmetauscher (T. Horn)
Die Entwicklung eines Fertigungskonzepts für flächige Wärmetauscher, hergestellt aus Laminaten, die mit dünnen Kanälen durchzogen sind, stand im Mittelpunkt dieser *Studienarbeit*.

3) Flächige Wärmetauscher (T. Horn)
Das in der o.g. Studienarbeit erarbeitete Konzept zur Herstellung flächiger Wärmetauscher wurde in einer *Diplomarbeit* umgesetzt. Funktionstüchtige Demonstratoren konnten gefertigt werden.

4) Folgt die Alterung von Prepregs dem Gesetz von Arrhenius? (T. Ommer)
Ein wichtiges Zwischenprodukt der Firma Isola, sogenannte Klebeprepregs, unterliegt der Alterung. In einer *Diplomarbeit* wurde der Mechanismus der Alterung aufgeklärt. Dadurch konnten wichtige Erkenntnisse zur Alterung gewonnen werden, die letztendlich der Produktsicherheit dienen.

5) Inline-Kontrolle von Laminatzuschnitten (C. Sturm)
In dieser Arbeit ging es in erster Linie um eine Inline-Messung von Laminatzuschnitten in Bezug auf ihre Längenabmessungen und Winkligkeit.

6) Automatisches Austafeln von Dünnlaminaten (J. Akopjan)
Im Vordergrund dieser Arbeit stand ein höherer Automatisierungsgrad bei der Fertigungsstufe „Austafeln" von Laminaten.

7) T.T.T.-Diagramme von Isola-Harzsystemen (M. Ligart)
T.T.T.-Diagramme beschreiben das Aushärteprofil duroplastischer Harzsysteme, wie sie bei Isola verarbeitet werden. In einer *Diplomarbeit* wurden neue Messmethoden zur Erstellung dieser systemspezifischen Diagramme untersucht.

8) Treaterverunreingungen (B. Kaulen)
In dieser *Diplomarbeit* wurde die Frage beleuchtet, welcher Art die Verschmutzungen in den Trockenkanälen unserer Treater sind und wie sie vermieden werden können, um kostspielige Reinigungsarbeiten zu reduzieren.

9) Optimierung des Energiebedarfs bei Kältemaschinen (H. Ngounou)
Dieses Thema aus dem Bereich Energiemanagement wurde im Rahmen einer *Bachelorarbeit* untersucht. Die Optimierung ist sofort wirksam und führt nachweislich zu Kostensenkungen.

10) Entwicklung einer Strategie zur Erschließung eines neuen Geschäftsfeldes (T. Horn)
Neben klassischen kupferkaschierten Basismaterialien zur Herstellung von gedruckten Schaltungen für die Elektronikindustrie produziert Isola seit einiger Zeit wieder sogenannte Composites. Das sind faserverstärkte, duroplastische Harzsysteme, die in den Bereichen Luftfahrt, Transportwesen, erneuerbare Energien

und Ballistik Anwendung finden. Für den Bereich Ballistik, also dem Schutz von Personen und Geräten gegen Splitter, Geschoße und Druckwellen, wurde eine Strategie entwickelt, die das Einführen entsprechender Produkte in bestehende und neue Marktsegmente erleichtert. Dies geschah im Rahmen einer *MBA Masterarbeit*, die vom Fachgebiet Betriebswirtschaftslehre, insbesondere Organisation und Projektmanagement der Fachhochschule Aachen betreut wurde.

Bild 4-5: Begutachtung alternativer Werkstoffe: Dr. M. Cygon (Isola), K. Stollenwerk (Isola), Prof. J. Gartzen

Fazit

Diese Beispiele unterstreichen noch einmal, dass die enge Zusammenarbeit zwischen kmU und Hochschulen sehr erfolgreich sein kann und beiden Seiten zum Vorteil gereicht. Die „Zukunftsinitiative Eifel“ und die daraus resultierende Zusammenarbeit mit dem Lehrgebiet Füge- und Trenntechnik der FH Aachen muss als Glücksfall für die Firma Isola gewertet werden.

4.4 Praxisbezogene Ausbildung – Mehrwert für Unternehmen und Hochschule

Dipl.-Ing. Markus D. Werner

Vorsitzender der Geschäftsführung

Otto Junker GmbH

Die OTTO JUNKER GmbH, deren Anfänge bis 1924 zurückreichen, ist ein mittelständisches Unternehmen mit Sitz in Simmerath, das im Wesentlichen drei Geschäftsfelder bearbeitet: neben der Edelstahlgießerei liegt der Fokus auf den Induktionsschmelzanlagen und Thermoprozessanlagen (siehe Bild 4-6).

Bild 4-6: Übersicht über die Geschäftsfelder von Otto Junker GmbH

Die Produkte der Gießerei finden Anwendung in der chemischen und pharmazeutischen Industrie, Nahrungsgüterindustrie, Umwelttechnik, Energieerzeugung, Marinetechnik, Halbleiterindustrie, Forschung und Entwicklung und weiteren, anspruchsvollen Bereichen. Der Geschäftsbereich „Induktionsschmelzanlagen" konstruiert, fertigt und montiert Tiegelschmelzöfen (Mittelfrequenz), Rinnenbeheizte Schmelz-, Warmhalte und Gießöfen sowie Gießanlagen für die Metalle Eisen, Stahl, Kupfer, Aluminium, Magnesium, Silizium und Zink. Kunden dieses Geschäftsfelds sind Gießereien weltweit, die den allgemeinen Maschinenbau, die Windkraftbranche und die Solarbranche, die Fahrzeugindustrie und sowie die Kupfer- und Aluminium-Halbzeugindustrie beliefern. Im Geschäftsbereich „Thermoprozessanlagen" werden Anwärm- und Thermoprozessanlagen – sowohl durch Gas als auch elektrisch beheizt - konstruiert, gefertigt und montiert, die in Walz- und Presswerken, Formgießereien sowie Schmiedebetrieben zum Einsatz kommen.

Mit der Fachhochschule Aachen, insbesondere mit dem Fachbereich Maschinenbau und Mechatronik, besteht – neben der traditionellen engen Verbindung zwischen der Otto-Junker-Stiftung und der RWTH Aachen – seit fast zehn Jahren eine für beide Seiten wertvolle und erfolgreiche Zusammenarbeit. Diese Zusammenarbeit wurde entscheidend geprägt durch das Engagement und der Initiative des Leiters des Lehrgebietes Füge- und Trenntechnik. Dabei war und ist es besonderes Anliegen beider Seiten, die Kooperation – neben der Unterstützung bei der Erarbeitung von Projekt- und Abschlussarbeiten – zwischen der Fachhochschule und unserem Unternehmen zu intensivieren. Getragen wurde dies von der Erkenntnis, dass die Verbindung von betrieblicher Praxis und fachlicher Theorie der Schüssel für den Erfolg und für die Innovationsfähigkeit mittelständiger Unternehmen ist. Dabei nehmen gut ausgebildete und engagierte junge Fachkräfte und deren zielgerichteter Einsatz eine entscheidende Rolle ein.

Zurück zu den Projekt- und Abschlussarbeiten: Schon die Auswahl der Themen erfolgte im engen Dialog mit den Hochschullehrern und viele Themen sind Ergebnisse gemeinsamer Diskussionen. Überwiegend wird die Bearbeitung der einzelnen Themen mit einem mehrmonatigen Praktikum der Studierenden in unserem Unternehmen verbunden. Damit können die Studenten sich mit der entsprechenden Aufgabenstellung unmittelbar vertraut machen und die jeweiligen Fertigungsbedingungen und Technologien genau kennen lernen. Die Anleitung durch die Hochschullehre, die Betreuung durch die Fachabteilungen von OTTO JUNKER GmbH und das Studium der betrieblichen Fertigungsbedingungen sorgen für eine zielgerichtete und praxisbezogene Bearbeitung der einzelnen Themen und einen für beide Seiten gewinnbringenden Austausch.

Allein die reine Statistik spricht eine deutliche Sprache: In den letzten 10 Jahren der Zusammenarbeit zwischen der FH Aachen wurden 37 Bachelor- bzw. Diplom- und Masterarbeiten in enger Kooperation mit OTTO JUNKER erfolgreich abgeschlossen – davon 25 alleine unter fachlicher Leitung des Lehrgebietes Füge- und Trenntechnik. Schon diese Zahlen belegen, unabhängig von der fachlichen Bewertung, die dominierende Stellung der FH Aachen in diesem Feld. Auch die Tatsache, dass neun der Absolventen nach dem Abschluss des Studiums von OTTO JUNKER übernommen wurden, ist sehr positiv zu bewerten.

Mit der Aufzählung dieser Daten wird schnell deutlich: Neben der zielgerichteten Bearbeitung praxisbezogener Aufgabenstellungen bieten sich einerseits für die Absolventen gute Chancen für den Einstieg in den Beruf mit guten Karrieremöglichkeiten und andererseits für das Unternehmen die Möglichkeit, gut ausgebildetes Fachpersonal einzustellen. Hinzu kommt, dass beide Seiten wissen, mit wem man in Zukunft zusammenarbeiten wird. Ein weiterer Vorteil ist, dass sich die Einarbeitungsphase für die Absolventen in diesen Fällen deutlich verkürzt.

Die Themen der einzelnen Abschlussarbeiten, die unter Leitung des Lehrgebietes Füge- und Trenntechnik bearbeitet wurden, umfassen ein weites fachliches Spektrum und gehen über das eigentliche Fachgebiet des Maschinenbaus und der Mechatronik und über das Lehrgebiet Füge- und Trenntechnik hinaus. So wurden und werden unter der fachlichen Betreuung des Lehrgebietes Füge- und Trenntechnik auch Themen der Metallurgie (Heißrissneigung Mo-Cu-legierter Stahlgusslegierungen), aus dem Softwarebereich (Angebotserstellungssoftware) und von Fertigungsprozessen im Bereich Elektrikbauteile (Kondensatorenfertigung) bearbeitet. Gleiches gilt für Themen aus dem speziellen Gebiet des Industrieofenbaus, wie z. B. der „Entwurf eines leistungsstarken, hochfrequenten Vakuumofens mit kostenmäßig reduziertem Design und der Lösung der Vakuumdichtheit und Montagefreundlichkeit“ und die „Konstruktion und Validierung eines Bandschwebeofens zum Vergüten von gewalzten Aluminiumbändern“. Daneben wurden Themen mit engeren Beziehungen zu dem eigenen Fachgebiet wie z.B. die „Optimierung von Fügeprozessen bei der Spulenfertigung“, „Konstruktive Verbindung der Spulenelemente“ und das Thema „Universales Laservermessungssystem“ erfolgreich abgeschlossen.

Dank der hervorragenden fachlichen Betreuung durch die Mitarbeiter des Lehrgebiets haben die Studenten nicht nur eine eigenständig praxisorientierte Arbeit angefertigt, sondern auch wichtige Anregungen und Vorschläge für die weitere Verbesserung der Fertigung bei OTTO JUNKER gegeben.

Die Aufgeschlossenheit und das ganzheitliche Denken über die Grenzen des eigenen Lehr- und Fachgebietes hinaus kennzeichnen die Person von Herrn Professor Gartzen. Gleiches gilt für sein Engagement für die Existenzgründung neuer, innovativer Unternehmen und die Förderung des technischen Nachwuchses. Seine Flexibilität und ständige Präsenz lässt sich mit nachfolgendem kleinen Beispiel belegen: Wie von einem Mitarbeiter von OTTO JUNKER berichtet, kam es – selbst bei einer festlichen Angelegenheit wie einer Hochzeit - zur Diskussion über interessante Fachthemen und führte zur Ideenfindung und Vereinbarung über eine neue Masterarbeit.

Epilog

Die markante und prägnante Persönlichkeit von Herrn Professor Gartzen war und ist für OTTO JUNKER eng verbunden mit der erfolgreichen Zusammenarbeit mit der Fachhochschule Aachen. Sein unermüdlicher Einsatz auf vielen Ebenen für die Förderung von Forschungsaktivitäten sowie für die Aus- und Weiterbildung hat uns in den letzten Jahren tief beeindruckt und wir danken ihm dafür. Wir sind davon überzeugt, dass sein Ruhestand eher ein „Unruhestand" bedeuten wird und wir sind sicher, ihn bei dem ein oder anderen Projekt zu sehen und zu hören, sei es bei OTTO JUNKER oder bei firmenübergreifenden technologischen und wirtschaftlichen Themen der Region.

4.5 Unternehmertum als Studienfach?!

Prof. Dr. rer. publ. Axel Thomas

Honorarprofessur, Lehrgebiet BWL der Logistikunternehmen, Fachhochschule Aachen

Geschäftsführer
wfg mbH der StädteRegion Aachen

Generation Y

Immer wieder ist die Rede von Megatrends wie Demografie oder Digitalisierung bzw. Vernetzung. Die Gesellschaft verändert sich ständig. Aktuell ist eine neue Generation von Studierenden mitten in der wissenschaftlichen Ausbildung und verlässt sukzessive die Hochschule: die Generation Y. Als Generation Y werden diejenigen bezeichnet, die zwischen 1981 und 1994 geboren wurden und die als erste mit dem Internet aufgewachsen ist. Sie ist technisch versiert und über Facebook, Twitter und iPhone bestens vernetzt – und sie weiß die Macht der Demografie hinter sich.[1]

Das englische Y ist ein Homonym zu „Why?". Das kommt nicht von ungefähr. Die Frage nach dem „Warum" ist verbindendes Element dieser Generation und zugleich symptomatisch.

Der Generation Y wurde von frühester Jugend an gezeigt, wie Gruppen funktionieren. Im Gegensatz zu den Baby-Boomer der sechziger Jahre haben sie eine sehr offene Art miteinander zu sprechen und Wissen zu teilen. Dies finden ältere Generationen oft recht merkwürdig, weil sie noch gelernt haben, dass Wissen, das man eben nicht teilt, ein Herrschaftsinstrument und ein (temporärer) Wettbewerbsvorteil sein kann.[2]

Die Generation Y hat jedenfalls nach herrschender Meinung einen ganz eigenen und einen ganz anderen Blick auf Autoritäten. In Schulen und Hochschule sind sie es gewohnt, Bewertungen von (Hochschul-)Lehrern vorzunehmen. Ob diese Methodik unmittelbar auf Großunternehmen beispielsweise übertragbar ist (wie eine unmittelbare Mail an den CEO) ist allerdings mindestens derzeit fraglich. Soziologen und Personalberater diagnostizieren, dass diese neue Generation von ihren Eltern mit Aufmerksamkeit, Aufmunterung und Lob geradezu überhäuft wurde. Das hat ihr nebenbei bemerkt in der Literatur u.a. die Bezeichnung Trophy kids eingebracht.[3] Damit wird (zugegebenermaßen etwas journalistisch formuliert) darauf abgestellt, dass es - so die Behauptung – nicht nur für den Wettbewerbssieg einen Pokal gab, sondern auch *alle*

[1] Vgl. Sonnet, C. (2012).
[2] Ibidem
[3] Vgl. Schlüter, N. (2012), S. 14-16.

Nächstplatzierten. Aus vielen Personalbereichen der Betriebe verlautet, dass die an Lob gewöhnten Trophy kids auf Kritik sehr sensibel reagieren und in Betrieben Gefahr laufen, einen Culture Clash zu erleben.

Der Generation Y wird zugeschrieben, dass sie einen großen Wunsch nach Wohlfühlatmosphäre hat und dementsprechend Unwohlsein bei den in Konzernen nicht unüblichen Machtspielen (also beim „uphill battle") entwickelt. Der Wunsch nach weniger Hierarchie, mehr kleineren Einheiten und weniger protokollarischer Führung kann mit der Ist-Situation in großen Organisationseinheiten kollidieren. Diese Berufseinsteiger, die von zu Hause und von den Ausbildungsstationen in der Weise sozialisiert sind, dass man stets auf Augenhöhe mit ihnen spricht, können oder wollen sich möglicherweise an Hierarchien und fein ziselierte Konzerngenehmigungskulturen nicht gewöhnen.

Hochmotiviert, (international) bestens ausgebildet drängt die Generation Y bald vollständig auf den Arbeitsmarkt. Doch die Baby-Boomer (die Jahrgänge 1963 und 1964 waren die geburtenstärksten Jahrgänge in der Geschichte der Bundesrepublik) verstopfen in der Aufstiegspyramide noch für etliche Jahre Spitzenpositionen, da sie frühestens in 10 Jahren in Rente gehen. Daraus ergibt sich für die Digital Natives ein „Prinz Charles Effekt".[4]

Ob und in welchem Umfang sich aus dieser Konstellation dauerhaft und/oder temporär Konflikte ergeben, bleibt abzuwarten. Es ist aber wahrscheinlich, dass die jungen Leute in Bezug auf Geschäftsprozesse, Genehmigungen und beim hierarchischen Aufstieg - in der Sprache der Ypsiloner ausgedrückt – feststellen: „es geht einfach nicht nach meinem Beat".

Die Konsequenz daraus ist, dass sich entweder die Unternehmen neu aufstellen und ihr Business neu im Hinblick auf die Anspruchshaltung der Generation Y ausrichten oder aber die Millenials sich motiviert sehen, die Selbstständigkeit (für sich) zu entdecken.

Motive für die Selbstständigkeit

Motivation gliedert sich in die Bereiche intrinsisch und extrinsisch. Der Begriff intrinsische Motivation bezeichnet das Bestreben, etwas um seiner selbst willen zu tun (weil es einfach Spaß macht, Interessen befriedigt oder eine Herausforderung darstellt). Bei der extrinsischen Motivation steht dagegen der Wunsch im Vordergrund, Leistungen zu erbringen, weil man sich davon einen gerne auch materiellen Vorteil (Belohnung) verspricht.

Unter der Überschrift „Wer wird Millionär?" analysierte die FAZ bzw. die Universität Potsdam, wer ein Vermögen von mehr als einer Million Euro besitzt.[5] Rund zwei Drittel dieser Personen sind als Unternehmer tätig. Mehr als 55% der Befragten gaben

---

[4] Vgl. Buchhorn, E., Werle, K. (2011); o.V. Spiegel Online (2012).
[5] Vgl. Plichert, P. (2012), S. 13.

an, „in erster Linie durch Arbeit reich geworden zu sein“ (und nicht durch Erbschaft (30%) oder Heirat (7%)). Die soziale Mobilität, verstanden als Aufstiegs-Chance zu den „millionaires next door“ zu gehören, ist bei Unternehmern deutlich höher als bei Beamten und Angestellten.

Besitz (und das Streben danach) hat bei der Generation Y eine andere Bedeutung, sie will vor allem Zugang zu den Dingen haben, unabhängig davon, ob sie geliehen oder gekauft sind. Benutzen hat für sie einen höheren Stellenwert als Eigentum.

Die Motive für die Selbstständigkeit der neuen Generation sind mehr denn je

- Selbstbestimmtheit
- Selbstwirksamkeit(serwartung)
- Unabhängigkeit
- Weiterentwicklung.

Die Gründe für den Schritt in die Selbstständigkeit sind mehrheitlich, aber nicht ausschließlich intrinsisch. Darin unterscheidet sich die Generation Y nicht von ihren Vorgängern. Sie ist selbstbewusst genug, um anzunehmen, dass unternehmerischer Erfolg nicht primär auf Genen beruht.

Gibt es das Gründergen?

Genetiker wie Ökonomen beschäftigen sich gleichermaßen mit der Frage:[6]

Was unterscheidet den Unternehmer vom Angestellten? Warum setzt der eine im Unterschied zu anderen seine Ersparnisse aufs Spiel und gründet eine Firma?[7]

Untersuchungen, die im „Tal der unternehmerischen Könige“, im Silicon Valley durchgeführt wurden, deuten in folgende Richtung: Die Mehrheit der Unternehmer hat auch keine unternehmerisch tätigen Eltern.[8] Das eine Gen, das die Menschen zum Unternehmer macht, gibt es wahrscheinlich nicht. Eher kommt wohl eine Mischung aus verschiedenen Genen mit multiplikativer Wirkung zum Tragen, die Risikofreude, und Kreativität fördern und so eine Unternehmerpersönlichkeit formen.

Gegen die Existenz des Unternehmergens spricht bereits auch die Einschätzung von Otto von Bismarck, der einmal gesagt hat: Die erste Generation schafft Vermögen, die zweite verwaltet Vermögen, die dritte studiert Kunstgeschichte und die vierte verkommt.

Wäre das Unternehmer-Gen erblich und darüber hinaus beim „Mendeln“ dominant, so wäre der Niedergang mancher Ruhrgebietsdynastie und mancher Privatbank nicht zu erklären.

[6] Vgl. Shane, S. (2010), S.16ff.
[7] Vgl. Spohr, F. (2012).
[8] Vgl. Wadhwa, V. (2010).

Die typischen Persönlichkeitsmerkmale des Unternehmers können ebenso gut anerzogen sein. Dazu gehören: Erfolgsintelligenz, Multitasking-Fähigkeiten, soziale Akzeptanz, Durchsetzungs- und Realisierungskraft und hohe Eigenmotivation.[9]

Wichtiger als der Charakter und das ererbte oder nicht ererbte Talent des Unternehmers ist ohnehin die Wahl der Branche. Technologieorientierte Start ups schützen vor Imitation und schaffen Wettbewerbsvorteile. Aber auch das erworbene Wissen ist entscheidend.

Hochschulangebote

Unternehmer zu sein, heißt, Ressourcen in Kunden-Nutzen und Ergebnisse zu transformieren. Nicht die einzige, aber die wichtigste Ressource in den entwickelten Wirtschaften ist schon heute Wissen.[10]

Hochschulen sind Einrichtungen zur Produktion und Verteilung von Wissen. Für Unternehmer, die ständig auf der Suche nach Kapitalquellen sind, fungieren sie quasi als Wissenskapitalgeber.

Allerdings müssen die Hochschulen ihr Unterrichtsangebot stärker und bedarfsgerechter mit Skills versorgen, die der Unternehmer benötigt. Vom ersten Tag als Unternehmer bedarf es des Mitarbeiter-Gespräches. Doch welche Bildungseinrichtung bereitet ihre Absolventen systematisch hierauf vor?

Daher müssen in speziellen Unternehmer(vorbereitungs-)seminaren spezifische Fach-, Methoden- und Sozialkompetenzen gelehrt werden.

Gerade in den Technikbereichen muss außerdem noch stärker und noch systematischer gelehrt werden, dass Unternehmen stets von außen nach innen geführt werden müssen.

Gegenstand der hochschulischen Ausbildung zum Unternehmer sollte sein, dass auch die methodischen Antworten auf strategischen Fragen wie Geschäftsfeld und Wettbewerbsfähigkeit, Zielgruppenspezialisierung und Verfolgung von Engpässen systematisch vermittelt werden.[11]

Lange Zeit fehlte es an einem eigenen Ausbildungsweg für Unternehmer. Ein Gewerbeschein reichte, um sich selbstständig zu machen – alles Weitere wurde dem Ausleseprozess des Marktes überlassen. Kurse zum Unternehmer-ABC sind inzwischen aber zum Trend an den Hochschulen geworden – und erfreuen sich steigender Beliebtheit. Dabei kann dahingestellt bleiben, ob das Angebot der Hochschulen der Nachfrage vorausging und Nachfrage geweckt hat oder ob die Hochschule auf interessierte Anregung ehemaliger Studierender reagiert hat und ein Post-Graduierten Studium angeboten hat (Nachfragedeckung).

---

[9] Ibid.
[10] Vgl. Fredmund, M. (2006), S. 21ff.; S.33.
[11] Vgl. Shane, S. (2008), S. 25ff.

Die Kernfrage lautet, ob Unternehmertum und Unternehmersein lernbar ist. Die Frage bedarf der Umformulierung und würde zutreffender Weise lauten: Was am Unternehmersein ist lernbar? Nicht jeder kann alles lernen und es gibt Aufgaben, für deren Erfüllung das Lernbare nicht ausreicht. Dies sollte aber niemanden abhalten, sich das, was gelernt werden kann, auch wissenstechnisch anzueignen und das ist ein bedeutender Teil der unternehmerischen Gesamtaufgabe. Nicht nur Management ist erlernbares Handwerk – wie Malik in „Management – Das A und O des Handwerks" schreibt – sondern auch Unternehmertum.[12]

In einer globalisierten und exportabhängigen Volkswirtschaft wie Deutschland sind wir darauf angewiesen, dass nicht nur die Manager und Mitarbeiter, sondern auch oder gerade die Unternehmer bestmöglich ausgebildet sind und qualifiziert sind. Unternehmertum ist „keine Hexerei", sondern (in weiten Teilen) lernbar. Das Ausbildungsangebot – ob während des Studiums oder postgraduierend – wird ständig größer, wobei sicherlich die Vorteile bei den bereits etablierten Einrichtungen liegen. Die first mover an Hochschulen (wie die Fachhochschule Aachen, Fachbereich Maschinenbau mit dem Unternehmerseminar oder dem MBA Entrepreneurship) haben beispielsweise bereits vor 10 Jahren damit angefangen Bedarf zu wecken und decken. Die Hochschulen (wie UnternehmerTUM an der TU München) zeigen, indem sie das Ausbildungsmodell zum Unternehmer als Geschäftsmodell ausgestalten, dass sie dem Postulat des „unternehmerisch denken und handeln" als Erste folgen.

Die Generation Y bringt gute Voraussetzungen für unternehmerisches Handeln mit.[13] Sie ist kollaboratives Arbeiten von jeher gewöhnt. Das erleichtert den Zugang und Lösungsweg von Teamgründungen. In früheren Generationen gab es eher die Präferenz der „Solotänzer". Teamgründungen weisen entscheidende Vorteile auf: Fachliche oder kaufmännische Stärken können sich additiv ergänzen, Defizite ausgleichen. Mehr Gründungspartner bedeuten u.a. auch mehr Eigenkapital, so dass die Finanzierung von notwendigen Anschaffungen leichter möglich ist.

Gründungen durch die Generation Y werden bereits dadurch evoziert, dass in der Arbeitswelt von morgen traditionelle Arbeitsverhältnisse abnehmen und die Erwerbsarbeit vielfältiger wird.[14]

Es scheint, als könne auch oder gerade mit vorbereitender Hilfe der Hochschulen ein „frisches Unternehmertum" aus der Generation Y entstehen.

Literaturverzeichnis

Buchhorn, E.; Werle, K. (2011):

Generation Y – Die Gewinner des Arbeitsmarkts. In: *Spiegel Online*. URL: http://www.spiegel.de/karriere/berufsstart/generation-y-die-gewinner-des-arbeitsmarkts-a-766883.html - Download vom: 28.03.2013.

[12] Vgl. Fredmund, M. (2007), S.37.
[13] Vgl. Kröher, M. (2012), S. 60-63; Werle, K. (2012), S. 94-103.
[14] Vgl. Hense-Ferch, S. (2012), S. 6-11.

Fredmund, M. (2006):

Führen – Leisten – Leben. Frankfurt/New York: Campus Verlag, 2006, S.21ff.; S.33.

Fredmund, M. (2007):

Management – Das A und O des Handwerks. Frankfurt/New York: Campus Verlag, 2007, S.37.

Hense-Ferch, S. (2012):

Neues wagen – Die Arbeitswelt von morgen. In: *D'facto*. H. 12/2012, S. 6-11.

Kröher, M. (2012):

Weltveränderer. In: *Manager Magazin*. H. 08/2012, S. 60-63.

o.V. (2012)

Neue Arbeitswelt – "Die Generation Y ändert die Unternehmen". In: *Spiegel Online*. URL: http://www.spiegel.de/karriere/berufsstart/generation-y-audi-personalvorstand-thomas-sigi-im-interview-a-848764.html - Download vom: 28.03.2013.

Plickert, P. (2012):

Wer wird Millionär? In: *FAZ*. URL: http://www.faz.net/aktuell/wirtschaft/wirtschaftspolitik/umverteilungsdebatte-wer-wird-millionaer-11914941.html - Download vom: 28.03.2013.

Schlüter, N. (2012):

Frühheimgeher. In: *Jetzt – Süddeutsche Zeitung*. Nr.6, S. 14-16.

Shane, S. (2008):

The illusions of Entrepreneurship – The costly myths that Entrepreneurs, Investors and Policy Makers live. Yale University Press, 2008, S.25ff.

Shane, S. (2010):

Born entrepreneurs, born leaders – How your genes affect your work life. New York: Oxford Univers Press, 2010, S. 16ff.

Sonnet, C. (2012):

URL: http://www.karriere.de/karriere/mehr-leichtigkeit-im-arbeitsleben-164497/ - Download vom: 28.03.2013

Spohr, F. (2012):

Forscher finden das "Wirtschafts-Gen". In: *Handelsblatt*. URL: http://www.handelsblatt.com/politik/oekonomie/nachrichten/wirtschaftswissenschaften-forscher-finden-das-wirtschafts-gen/6883390.html - Download vom 28.03.2013.

Wadhwa, V. (2010):

Can entrepreneurs be made? In: *techcrunch*. URL: http://techcrunch.com/2010/02/27/can-entrepreneurs-be-made/ - Download vom 28.03.2013.

Werle, K. (2012):

Wer will noch Chef werden? In: *Manager Magazin*. H. 08/2012, S. 94-103.

4.6 Innovation und Kommunikation

Prof. Dr. phil. Claudia Mayer

Lehrgebiet Kommunikationswissenschaften, Fachhochschule Aachen

In sämtlichen Innovationskategorien, sei es die technische Innovation, eine Geschäftsmodell-Innovation, eine soziale Innovation, eine gestalterische Innovation, spielt Kommunikation *die* zentrale Rolle. Eigentlich verwundert das nicht weiter, ist Kommunikation doch das zentrale Mittel, Dinge zu entwickeln, Dinge darzustellen, sie zu verbessern, sie zu präsentieren, sie zu verkaufen. Nichts läuft ohne Kommunikation. Das ist so selbstverständlich, dass wir dem oft keinen besonderen Wert zumessen, schließlich ist es das Einzige neben den lebenswichtigen Körperfunktionen, was wir von Geburt bis zum Tode tun. Wir können genauso wenig „nicht nicht kommunizieren“, wie wir nicht nicht atmen können. Beides tun wir immer, sogar im Schlaf. Das vielzitierte sogenannte „metakommunikative Axiom“ von Paul Watzlawik aus dem Jahre 1969[1] beschreibt auch heute noch recht genau die Bedeutung der Kommunikation für unsere privaten und beruflichen Abläufe. Begriffe wie „Innovationsmanagement“ machen das deutlich.

Unter „Innovationen“, vom Lateinischen *innovare* – „erneuern“ hergeleitet, verstehen wir bekanntermaßen Erfindungen und Erneuerungen, die die Lebensumstände in irgendeiner Form verbessern, bereichern, angenehmer machen oder eine Problemlösung darstellen. Dass das Entwickeln einer Idee bereits das Ergebnis komplexer kommunikativer Vorgänge ist, sei an dieser Stelle dahingestellt. Ideen aber müssen umgesetzt werden, ggf. produziert und verkauft werden. Das gelingt naturgemäß der Person besser, die besser kommunizieren kann. Was aber bedeutet „besser“, und warum können das manche Menschen „besser“ als andere? Warum haben manche Firmen mit einer mittelmäßigen Idee durchschlagenden Erfolg, während andere herausragende Ideen es nie bis zur Marktreife schaffen? Weshalb bedeutet eine Krise für ein Unternehmen das Ende, für ein anderes eine Verbesserung? Und da sind wir schon im Bereich der zielgruppenspezifischen Kommunikation und dem richtigen „timing“.

Fast so komplex wie die menschliche Kommunikation selbst ist heutzutage auch das Feld der Kommunikationswissenschaften. Als ein Teilbereich dessen befasst sich die

---

[1] Siehe Paul Watzlawick, Janet H. Beavin, Don D. Jackson: Menschliche Kommunikation – Formen, Störungen, Paradoxien. Bern 1969.

Unternehmenskommunikation mit den Fragestellungen, wie Unternehmen intern und extern kommunizieren und welche Auswirkungen das auf die Unternehmen und ihre Stakeholder hat.[2] Schon seit den 1980er Jahren ist in der Forschung zunehmend klar, dass über das „Wohl und Wehe" eines Unternehmens seine Kommunikation entscheidet und nicht, wie man gemeinhin meinen könnte, die Qualität des Produktes oder der Dienstleistung. Das ist erkennbar am weiten Feld der Krisenkommunikation.[3] Wie verhält sich ein Unternehmen im Fall einer Krise und welche Auswirkungen hat das für das Unternehmen?

Berühmte Fälle wie „Tylenol" sind hier aufschlussreich. Die us-amerikanische Firma Johnson & Johnson war 1982 der Produktsabotage ausgesetzt: Unbekannte hatten das marktführende Schmerzmittel „Tylenol" mit Zyanid vergiftet, sieben Menschen starben in Folge der Einnahme der Schmerztabletten. Der proaktive, transparente Umgang des Unternehmens mit diesem größten aller anzunehmenden Firmendesaster führte am Ende der Krise dazu, dass Johnson & Johnson nicht nur seinen Marktanteil innerhalb weniger Monate wieder herstellen und bald darauf sogar steigern konnte, sondern seinen Ruf, eine besonders vertrauenswürdige Marke zu sein, stärken konnte.[4] Dieses Fallbeispiel, oftmals untersucht und analysiert, ist besonders beeindruckend, wenn es darum geht zu verstehen, welche Bedeutung die Kommunikation für die Existenz eines Unternehmens hat. Im Fach der Krisenkommunikation wird „Tylenol" stets als Beispiel benutzt zu zeigen, wie gute Krisenkommunikation und ein damit verbundenes Management aussehen können.

Die Liste hingegen mit Beispielen, wie Unternehmen sich in Krisensituationen aufgrund mangelhafter Kommunikation um Reputation und Marktanteile brachten, ist unüberschaubar lang. Nestlé, der Ford „Pinto", Vattenfall und Fukushima stehen stellvertretend für viele andere bekannte Beispiele, wo man studieren kann, welche negativen Auswirkungen eine unzureichende Kommunikation haben kann. Und wie man sich im Wortsinn um Amt und Würden bringen kann mittels einer rundum misslungenen Krisenkommunikation, hat unlängst der Fall Christian Wulff gezeigt.

Tatsächlich zeigen Fallstudien auch, dass man alles richtig machen kann. Und trotzdem: Wenn falsch kommuniziert wird, kann das alles in Frage stellen oder sogar zerstören. Die Bedeutung der Kommunikation also insbesondere auch für das Zahlenwerk eines Unternehmens ist nicht zu überschätzen. Insofern verwundert es nicht, dass Krisenkommunikation ein wichtiges Feld der Unternehmenskommunikationsforschung geworden ist.

Einen besonders innovativen Bereich der letzten 30 bis 40 Jahre stellt gewiss der der Medien selbst dar. Die Entwicklungen von der Schreibmaschine über PC, Laptop,

---

[2] Siehe hierzu z. B. Claudia Mast: Unternehmenskommunikation. Ein Leitfaden. Stuttgart 2002 und Manfred Bruhn: Unternehmens- und Marketingkommunikation. Handbuch für ein integriertes Kommunikationsmanagement. München 2011.

[3] Siehe hierzu z. B. Kathleen Fearn-Banks: Crisis Communications. A Casebook Approach. Routledge 2007 und Ralf Hering, Bernd Schuppener: Kommunikation in der Krise. Bern 2009.

[4] Siehe z. B. http://www.krisenkommunikation.info/Die-Tylenol-Toten-1982-in-Chicago.780.0.html.

Tablet zu Smartphones deuten die Linie nur an. Zugleich haben Innovationen wie Facebook Produktlinien, Verhaltensweisen und ganze Marketingstrategien von Unternehmen verändert. Facebook startete als Idee der Gruppe um Marc Zuckerberg herum am Campus der Harvard University zu dem Zweck, das Verabredungen von Jungen aus der Gruppe mit Mädchen zu erleichtern. Einmal mehr also wurde ein Medium entwickelt, um die Kommunikation zielorientiert zu erleichtern. Daraus wurde dann bekanntermaßen ein weltweit tätiges, börsennotiertes Unternehmen, welches dazu beitrug, neue Geschäftsmodelle („Big Data" – wie lassen sich die anfallenden Datenmengen vermarkten?) hervorzurufen.

Dabei sind es die Medien, die die Träger der Kommunikation sind. Veränderte Kommunikationsmuster haben neue mobile Endgeräte hervorgebracht, und diese mobilen Endgeräte verändern reziprok die kommunikativen Verhaltensweisen von Menschen. Das bekannte Stichwort vom „globalen Dorf", dem „Global Village", ist so aktuell wie nie.

Erfunden wurde das Stichwort vor 50 Jahren. Damals hatten Computer die Größe von Wohnzimmern, vom Telefon ging eine Schnur in die Wand, und der Bewegungsspielraum für „mobiles Telefonieren" beschränkte sich auf die Länge des Telefonkabels. Zu diesem Zeitpunkt war Marshall McLuhan, der Vater dieses Stichwortes, bereits ein bekannter Medienwissenschaftler, der bald gefeiert wurde wie ein Pop-Star. Vor 50 Jahren sagte McLuhan das Internet voraus und machte die Popkultur zu einem anerkannten Forschungsfeld der Wissenschaft. Und noch heute, 50 Jahre nach Erscheinen seiner wichtigsten Werke, sind wir damit beschäftigt, zu verstehen, was er uns mitgegeben hat und was wir damit anfangen können.

Wenn wir uns heute fragen, welche Auswirkungen z. B. Facebook auf unser Sozialverhalten, unsere Kommunikation und die unternehmerischen Marketingstrategien hat, was das Internet mit den Menschen macht, wenn wir uns fragen, worin die Verbindung zwischen dem Anspruch auf ständige Erreichbarkeit („Generation iPhone") und dem Modethema „Burn-out" besteht – dann stellen wir uns Fragen, deren Wichtigkeit McLuhan schon lange vor der Erfindung des World Wide Web als solche erkannt und bearbeitet hat und deren Bedeutung für unser Verhalten und unseren Alltag wir noch gar nicht abschätzen können.

Marshall McLuhan, der kanadische Medienwissenschaftler und Medienstar, geboren 1911 in Edmonton in Alberta im Westen Kanadas und gestorben in Toronto 1980, feierte 2011 seinen 100. Geburtstag. Aus diesem Anlass fand weltweit eine schier unüberschaubare Fülle von Feierlichkeiten, Konferenzen und Events statt. Aber nicht nur in Kanada, sondern an allen möglichen Orten, Ländern und Kontinenten im „globalen Dorf". In Deutschland z. B. glänzte die Berlinale bereits im Februar 2011 mit etlichen Sonderveranstaltungen, die Frankfurter Buchmesse im Oktober bot gleich sieben Events, die Wochenzeitung „Die Zeit" widmete dem Vordenker des Internets im Sommer eine ganze Seite, in Radio und Fernsehen gab es zahlreiche Sendungen. Allein in Kanada erschienen gleich drei Biographien.[5]

McLuhans großes Thema war die Frage, was die Medien mit den Menschen machen.[6] Schon seit Langem ist klar, dass wir unser Weltwissen von den Medien – den Massenmedien – erhalten. McLuhan jedoch war der erste, der in aller Schärfe sah, dass die Medien aufgrund ihrer Funktionsweisen unser Sozialverhalten, unsere Wahrnehmung und unsere Handlungen verändern und bestimmen. Medien, die also dazu da sind, die Kommunikation zu vermitteln, verändern selbst die Kommunikation.

Denn einerseits sind laut McLuhan Medien nichts anderes als Erweiterungen der menschlichen Möglichkeiten. McLuhan sah sich die lange Geschichte der Medien an, die ja schon vor der „Erfindung" der Sprache einsetzt, und stellte fest, dass alle Medien, die die Menschheit erfunden hat, Ausweitung der Möglichkeiten des menschlichen Körpers sind. Demnach ist das Rad die Ausweitung des Beines, denn seit die Menschen fahren können (Eselskarren, Pferdewagen, Bollerwagen, Eisenbahn, Porsche), können sie eine größere Entfernung in kürzerer Zeit zurücklegen. Das soll die Kommunikation erleichtern. Die Kleidung ist die Erweiterung der Haut, das Buch die Erweiterung des Auges. Medien sind also – so McLuhan – Mittel, die wir zweckgebunden einsetzen, um uns neue Möglichkeiten zu eröffnen. Wenn Medien die Erweiterung bestimmter menschlicher Anlagen sind, dann ist das Internet die Erweiterung des zentralen Nervensystems: rein logisch betrachtet im Prinzip also endlich, tatsächlich jedoch schier unübersehbar groß, verästelt, dezentral organisiert – und immer für Überraschungen gut, wenn man allein bedenkt, dass es mit Google, Amazon, Microsoft und Apple Quasi-Monopolisten hervorgebracht hat.[7]

Nachdem also geklärt ist, warum es Medien überhaupt gibt, kann man mit McLuhan nun andererseits darüber nachdenken, wie Medien eigentlich „funktionieren". Hier kommt McLuhans berühmter Spruch vom „Medium, welches die Botschaft ist" ins Spiel. Dieses Schlagwort („the medium is the message") besagt, dass jedes Medium, völlig unabhängig vom Inhalt, den es übermittelt, ganz eigene Effekte auf die Mediennutzer hat. Jedes Medium und jede Technik bewirkten bei uns Menschen eine Veränderung unseres Tempos, unserer Handlungsmuster und -strukturen, aber auch unserer Wahrnehmungsmuster. Genau das ist die eigentliche Bedeutung eines Mediums, sagt McLuhan. Denn liest man den immer gleichen Text – nehmen Sie als Beispiel diesen Artikel, den Sie gerade lesen – und liest ihn in der Zeitung, auf dem Laptop, auf dem Tablet, auf dem Display im Smartphone oder als ausgedruckte pdf-Datei, so werden Sie jeweils eine andere Haltung einnehmen, damit ein anderes Leseverhalten,

[5] Vgl. hierzu Claudia Mayer: Das „globale Dorf" ist sein bekanntes Schlagwort. Vor 50 Jahren sagte Marshall McLuhan das Internet voraus. IN: Aachener Zeitung, 27.12.2011, S. 12.
[6] Siehe Marshall McLuhan: Understanding Media. The Extensions of Man, zuerst 1964; derz.: The Gutenberg Galaxy, zuerst Toronto 1962.
[7] Zu dem Thema alter und neuer Medienimperien siehe z. B. Tim Wu: Der Master Switch. Aufstieg und Niedergang der Medienimperien. Heidelberg et al. 2012.

eine andere Wahrnehmung entwickeln und damit schließlich auch andere Details im Text bemerken oder übersehen. Der Text aber ist immer gleich geblieben.

Als Marshall McLuhan über das „globale Dorf" nachdachte, sah er Gefahren, vor allem aber den Mehrwert und Nutzen in den Möglichkeiten, in Echtzeit miteinander über räumliche Grenzen hinweg kommunizieren zu können. Tatsächlich ahnen wir allmählich, dass einer der großen Gefahren online-basierter Medien in der Verbindung besteht, dass einerseits unbegrenzt Daten gespeichert werden können und andererseits jeder Mensch, der grundsätzlich online sein kann, auch Inhalte veröffentlichen kann, die in Bruchteilen von Sekunden weltweit publiziert werden können.[8] Dieser Multiplikationseffekt über Zeit und Raum hinweg (Stichwort: „Shitstorms") verstärkt Inhalte auf eine noch nie zuvor dagewesene Art. Meinungen, Sichtweisen, ungeprüfte Behauptungen werden mitunter millionenfach verstärkt und nicht mehr gelöscht. Unternehmen, die seit jeher mit der menschlichen Schwäche der „Gerüchteküche" als einer kaum zu tilgenden Kommunikationsform zu kämpfen haben, stehen hier vor noch nicht überschaubaren Herausforderungen. Die strategische Bedeutung von Kommunikation für Unternehmen, angedeutet im Zusammenhang mit der Krisenkommunikation, hat logischerweise längst zur Etablierung des Bereichs der Kommunikationspolitik geführt.[9]

Innovativ tätig zu sein und Innovationen zu kommunizieren bedeutet heute mehr denn je, kompetent zielgruppenspezifisch und zielorientiert mit Medien zu arbeiten. Die gilt für Individuen ebenso wie für Unternehmen, Organisationen und Einrichtungen. Dies zu vermitteln, ist auch die Aufgabe der Kommunikationswissenschaften. Die Kommunikations- und Medienwissenschaften der Zukunft stehen hier zweifellos vor neuen und großen Herausforderungen.

---

[8] Siehe hierzu auch Sherry Turkle: Alone Together. Why we expect more from technology and less from each other. New York 2011.

[9] Siehe hierzu z. B. Manfred Bruhn: Kommunikationspolitik. Systematischer Einsatz der Kommunikation für Unternehmen. München, 7. Aufl. 2011.

4.7 Wiedergeburt der Kreativität – Wege zu höherer Kreativität

Prof. Dr. Gerd Wassenberg

Lehrgebiet Entrepreneurship und Marketing für KMU, Fachhochschule Gelsenkirchen

Lehrbeauftragter an der Westfälischen Hochschule Campus Bocholt und an der Universität Duisburg-Essen

Dozent des MBA-Studiengangs „Entrepreneurship", Fachhochschule Aachen

Einleitung

Bekanntlich ist kreativ, wer neue Ideen hat und neue Wege entdeckt, um Probleme zu erkennen und Gelegenheiten zu erfassen. Die Neugier ist dabei für das kreative Individuum das treibende Motiv. Der innovative Mensch wendet die Ergebnisse des kreativen Denkens auf Probleme und Gelegenheiten an. Oder anders ausgedrückt: Kreativität bedeutet, neue Dinge denken; Innovation hingegen besteht darin, neue Dinge zu tun.[1] Innovationen sorgen für die Weiterentwicklung einer Volkswirtschaft. Sie verschaffen Unternehmen Wettbewerbsvorsprünge und sichern so ihre Existenz. Angesichts dieser Erkenntnis ist die Aussage berechtigt, dass die Kreativität in Organisationen und von Menschen eine Notwendigkeit ist zu überleben.

In diesem Zusammenhang stimmen zwei aktuelle Hinweise nachdenklich. „Uns fehlt die Neugier auf neue Technologien" lautete die Überschrift in einer angesehen deutschen Tageszeitung.[2] „Rettet die Neugier"[3] ist der Titel eines jüngst erschienen Buches, in dem der Autor u. a. kritisch bemerkt, dass zu sehr vorgegebene Experimente und Lerneinheiten naturwissenschaftliche Frühförderung eher behindern als fördern. Ist daher Anlass zur Sorge gegeben, unsere an sich innovationsorientierte Gesellschaft schränke die Kreativität des Einzelnen ein? Sind etwa Lebensumstände, Ängste, Zeitdruck, Lehr- und Lernmethoden Ursachen dafür, dass individuelle Kreativpotenziale ungenutzt bleiben?

Der vorliegende Beitrag geht im ersten Teil den beiden Fragen nach. Im zweiten Teil zeigt er Möglichkeiten auf, die Kreativität des Einzelnen zu fördern und weiterzuentwickeln. Er stützt sich hierbei vor allem auf US-amerikanische Untersuchungen und Autoren[4]:

---

[1] Vgl. Zimmerer, Thomas W., Scarborough, Norman M.: Essentials of Entrepreneurship and Small Business Management, 5th edition New Jersey, 2008, S. 43.
[2] Frankfurter Allgemeine Zeitung, Nr. 98, 27.04.2013, S. 14.
[3] Ansari, Salman: Rettet die Neugier, Frankfurt am Main, 2013.
[4] Vgl. Z.B. von Oech, Roger: A Whack on the Side of the Head, New York, 1990; Zimmerer, Thomas W., Scarborough, Norman M.: Essentials of Entrepreneurship and Small Business Management, 5th edition, New Jersey, 2008.

Hindernisse auf dem Weg zum Kreativsein

Die tägliche Erfahrung in der Berufswelt und im privaten Alltag lehrt uns, dass sich in der Regel Probleme nicht nur auf eine einzige Weise lösen, Schwierigkeiten nicht nur mit einer einzigen Maßnahme überwinden lassen. Der in der Politik gerade zu Zeiten der gegenwärtigen Eurofinanz- und Staatsschuldenkrise häufig verkündete Satz „Es gibt keine andere Alternative!“ symbolisiert die Kapitulation der jeweiligen Autoren vor der Eigeninitiative, kreativ und damit geistig schöpferisch zu sein und nach weiteren Lösungswegen zu suchen, wenn die erste Lösung nicht erfolgversprechend erscheint. Dies verwundert nicht, denn in den meisten Bildungssystemen basiert die Vorstellung darauf, dass es auf ein Problem nur eine „richtige“ Antwort gebe.

Die Logik hilft uns weiter, wenn wir Ideen auf ihre Anwendbarkeit bewerten und anschließend in die Praxis umsetzen. Die Logik hemmt jedoch möglicherweise die intuitiv erzeugte Kreativität. Intuition führt häufig zu Ideen, die wir bereits in unserem Unterbewusstsein als Summe unseres Wissens und unserer Erfahrungen bewahrt haben.

Im frühen Alter bereits lernen wir, Regeln zu befolgen und Verbote einzuhalten. Eltern sind um das Wohl ihrer Kleinen besorgt. Aus Angst versagen sie ihnen, neugierig zu sein und ihre räumlich begrenzte Umwelt auf eigene Faust zu entdecken. Das mag einerseits verständlich sein. Andererseits jedoch verleiden ein allzu häufiges „Tu‘ das nicht!“ oder „ Das ist zu gefährlich für Dich“ auf Dauer dem (Klein)Kind das Gefühl dafür, dass Neugier eine schöne, spannende und prägende Charaktereigenschaft sei.

Eine weitere Barriere unserer Kreativität ist, dass wir zu früh wissen möchten, was aus unserer Idee wird. Dieses Verlangen nach der raschen Antwort und der damit verbundenen Belohnung unseres Denkens blockiert die Phantasie und die Möglichkeit zu erkennen, dass die Verwirklichung einer Idee eine weitere ganz andersartige ungeplante Anwendung nicht ausschließt.

Eine hohe Barriere für die Kreativität des Einzelnen mag darin zu sehen sein, dass wir Angst haben, Fehler und Irrtümer zu begehen und möglicherweise dann als geistiger Trottel betrachtet zu werden. Fehler und Irrtümer zu begehen, sind für den kreativen Menschen nicht das Ende seiner Gedankenspiele sondern vielmehr ein Teil seines Lernprozesses auf dem Weg zu einem erfolgreichen Abschluss. Entscheidend für den kreativen Prozess ist nicht herauszufinden, dass ein Fehler gemacht, sondern warum dieser Fehler gemacht wurde.

Schließlich stehen sich manche selbst im Wege, kreativ zu sein. Grund hierfür ist das (Minderwertigkeits-)Gefühl vieler Leute zu glauben, Kreativität sei eine Eigenschaft, die nur den Einsteins, Beethovens oder da Vincis dieser Welt zu eigen sei. Sie beruhigen sich scheinbar mit dem Satz „Ich bin nicht kreativ“ und erkennen nicht oder wollen nicht erkennen, dass dieser in ihrem Bewusstsein zementierte Ausspruch lediglich ein Alibi für ihre eigene geistige Inaktivität und mangelnde Willenskraft ist.

Die Kreativität des Einzelnen steigern

Angesichts der kursorisch und sicherlich nicht vollständig dargestellten Hindernisse für die Kreativität des Einzelnen vermittelt der folgende Abschnitt einige Ansätze und Möglichkeiten, wie wir unsere eigene Kreativität steigern können.

Zuvor wurde darauf hingewiesen, dass das Gefühl einer Person, nicht kreativ zu sein, eines der stärksten Hindernisse für Kreativität überhaupt darstellt. Die Angst, dass jemand meine Ideen ins Lächerliche ziehen könnte, sollte dem (Selbst-)Bewusstsein weichen, dass es keine dummen oder lächerlichen Ideen im Kreativprozess gibt.

Routine ist der Tod der Kreativität. Damit Routine unser Gehirn und unsere Phantasie nicht auf Dauer lähmt, empfiehlt es sich, unseren Alltag durch neue oder erweiterte Tätigkeiten abwechslungsreicher und damit geistig anregender zu gestalten.

Eine weitere Eigenschaft, die individuelle Kreativität zu fördern, ist die Erkenntnis, dass auch Fehler und Irrtümer neue Ideen, Produkte oder Dienstleistungen keineswegs ausschließen. Man hält nach etwas Ausschau und findet dabei etwas Anderes, und oft ist dieses andere das Resultat eines Fehlers.

Kreativen Personen sagt man nach, dass sie gut beobachten und anderen Personen gut zuhören. Keine Regel der Kreativität besagt, dass eine Idee immer die eigene sein muss. Es kommt schließlich darauf an, eine Idee als solche überhaupt wahrzunehmen.

Jeder, der mit Kunden zu tun hat, weiß ihre Anregungen und Hinweise für neue Produkte und Dienstleistungen oder Produkt- und Serviceverbesserungen zu schätzen, vorausgesetzt, er hört den Kunden gut zu. In dieser Hinsicht hilft auch der Blick über den Tellerrand des eigenen Unternehmens weiter, um das Angebot an Produkten und Dienstleistungen auf Märkten anderer Branchen zu beobachten.

Vergessen wir abschließend nicht, dass das Denken und die Phantasie von Erwachsenen schon weitgehend darauf ausgerichtet sind, den Erwartungen der Umwelt zu entsprechen, also auch entsprechend kreative Lösungen für Probleme zu finden. Kinder hingegen vermögen grenzenlos kreativ zu sein, da ihr Denken kaum oder gar nicht durch gesellschaftliche Normen, Vorgaben und Einstellungen eingeschränkt ist.

Zum Schluss sei folgendes angemerkt: Glaubt man einem der bekanntesten US-amerikanischen Kreativexperten, ist Angeln die ideale Aktivität, die Kreativität in uns zu stimulieren.[5] Es kann daher kein Zufall sein, dass Johannes Gartzen, dem diese Festschrift gewidmet ist, als eine seiner beliebtesten Freizeittätigkeiten das Angeln bzw. Fliegenfischen nennt.

[5] Vgl. Geoff Williams, „Innovative Model", Entrepreneur, September 2002, S. 66.

5 Wachstum

Die Beiträge im fünften Kapitel behandeln die Facetten des Unternehmenswachstums. Den Ausgangspunkt bilden dabei Unternehmensgründungen, die nicht selten auf Ergebnissen anwendungsnaher Forschungen beruhen. Damit junge Unternehmen sich erfolgreich entwickeln und wachsen können, bedarf es starker Finanzierungspartner, die technologieorientierte Unternehmensgründungen begleiten. Diesbezüglich werden sowohl die chronologische Entwicklung des Finanzierungsmarkts in der Region Aachen als auch mögliche Finanzierungspartner grundsätzlich vorgestellt. Zur Verstetigung des Wachstums in mittelständischen Unternehmen ist darüber hinaus die Kooperation mit der Hochschule essentiell. Die Beiträge des Kapitels zeigen die Hochschule somit nicht nur als Begleiter einer langfristigen Kooperation sondern auch als umsetzungsorientierten Partner, der den Mittelstand unterstützt, seine Wettbewerbsfähigkeit auch in Zukunft sicherzustellen.

5.1 Unternehmensgründungen – mehr als ein Zufall: Gedanken zu „weichen Faktoren" bei Unternehmensgründungen

Dipl.-Ing. Otto Wagner

Dezernent Technologie- und Wissenstransfer der Fachhochschule Aachen (bis 2008)

Geschäftsführer AcIAS e.V.
Institute of Applied Siences e. V. (bis 2008)

Rückblick

Im Februar 1988 beabsichtigte ein Student der Universität von Coventry, in Aachen in der Automobiltechnik ein Praktikum zu absolvieren. Er wurde damals von mir im Rahmen des EU-Programms COMETT zur Firma Erasmus und Willms, die Motoren instand setzt, vermittelt. Aus unterschiedlichen Gründen, wie z. B. sprachlichen Problemen, brach der Student seinen Aufenthalt vorzeitig ab. Dies war Anlass für den damaligen Geschäftsführer und mich nach einem ersten fehlgeschlagenen Kontaktversuch nun über eine konstruktive Zusammenarbeit nachzudenken. In der Folge wurde offenbar, dass die ungebundenen Motoreninstandsetzungsbetriebe ein neues Verfahren brauchten, um z. B. überholte Ersatzkurbelwellen wettbewerbsfähig zu härten. Hier wurde der Fachbereich Maschinenbau der FH Aachen hinzugezogen und zunächst ein gefördertes Forschungsprojekt „Laserhärten von Kurbelwellen" durchgeführt. Es folgten weitere ähnlich gelagerte Kooperationsprojekte, die aufgrund ihres Erfolges die Beteiligten seitens FH Aachen und den damaligen Geschäftsführer von

Erasmus und Willms ermunterten, gemeinsam mit weiteren Gesellschaftern 1991 das LBBZ – Laser Bearbeitungs- und Beratungszentrum NRW GmbH zu gründen. Hauptsitz des Unternehmens ist Geilenkirchen, ca. 50 Mitarbeiter werden an zwei Standorten beschäftigt. Das LBBZ ist ein Dienstleistungsbetrieb mit ausgeprägter Forschungsaktivität. Heute kann man sagen, es war eine erfolgreiche Gründung. Doch warum kam es zu der Gründung? War es ein Zufall, waren Idee und Wille schon latent vorhanden? Oder wurde durch den Auslöser „Praktikant" die Kreativität gefordert? Das aber ist wie die Diskussion um Henne und Ei und letztlich müßig. Entscheidend war, dass zum richtigen Zeitpunkt die richtigen Menschen am richtigen Ort die richtigen Ideen zu richtigen Produkten umzusetzen wagten.

Gründungen als Motor der Wirtschaft

In einer weiterhin zunehmend globalisierten Welt gibt es derzeit für eine zukunftsträchtige Volkswirtschaft eines Landes keine Alternative zum Wachstum. Dabei kann ein Faktor das Gründen von neuen Unternehmen nach dem erfolgreichen und weltweit anerkannten Beispiel des deutschen Mittelstandes sein und hier insbesondere der sogenannten Hidden Champions. Diese zeichnen sich u. a. aus durch Spitzenleistungen, Produktqualität, Fokussierung auf enge Märkte, Innovation und Forschungseffizienz sowie das Streben nach Marktführerschaft in Verbindung mit Globalisierung. Ihre Führer sind gekennzeichnet durch eine hohe Identität von Person und Mission, Zielstrebigkeit, Furchtlosigkeit, Ausdauer und Inspirationsfähigkeit.[1]

Rückläufige Gründerzahlen

„Start-ups sind eine bedrohte Spezies" schreibt das Handelsblatt vom 11.3.2013. Der Bundesverband deutscher Startups e.V. (BVDS) fordert bessere Finanzierung, vor allem in der zweiten Gründungsphase, weniger Bürokratie und weniger Stigmatisierung (z. B. beim Scheitern). 2012 wurden lt. Statistischem Bundesamt 7 % weniger Betriebe, die auf eine größere wirtschaftliche Bedeutung schließen lassen, gegründet als 2011. Hierfür kann es vielfältige Gründe geben wie z. B. der augenblicklich robuste Arbeitsmarkt mit hoher Beschäftigung und die fehlenden Gründer aus der Arbeitslosigkeit. Aber auch attraktive Jobangebote mit hervorragenden Gehältern drängen die Selbständigkeit in den Hintergrund.

Förderung von Gründungen

Noch immer haftet dem Unternehmer oder dem Selbstständigen ein ambivalentes Ansehen an. Ist er erfolgreich, wird er misstrauisch beneidet, ist er nicht erfolgreich, wird er oft als Versager dargestellt, und er hat es manchmal schwer, in der Gesellschaft wieder Fuß zu fassen. Auch wenn es für beide Fälle gelegentlich exzessive, nicht akzeptable Beispiele gibt, gilt es hier, ein Klima zu schaffen, das dem Erfolgreichen neidlos Anerkennung seiner Leistungen ermöglicht und den Gescheiterten als Partner mit

---

[1] Simon, H.: Hidden Champions – Die Avantgarde in Globalia. In: Wirtschaftswissenschaftliches Studium Zeitschrift für Ausbildung und Hochschulkontakt, Heft 4, 2013; S. 185-191.

neuen nützlichen Kenntnissen erscheinen lässt. In diesen Zusammenhang gehört auch die gesellschaftliche Akzeptanz von kühnen Zukunftsgedankenspielen. Ein Gründer, ein Unternehmer braucht Visionen, auch wenn sie zunächst unrealistisch erscheinen, denn sie motivieren und inspirieren. Unternehmensgründungen brauchen Ziele und Meilensteine, an denen der Erfolg gemessen werden kann. Anerkennung finden sollte auch die Bereitschaft der Gründers, erhebliche finanzielle Risiken einzugehen und die selbst auferlegte Verpflichtung zu ungewohntem und zeitintensivem Arbeiten.

Hilfreich für eine Unternehmensgründung kann auch die Zusammenarbeit mit einem strategischen Partner sein, die eine Win-Win-Situation begründet. Hier bietet sich insbesondere für den technischen Bereich die Kooperation mit Forschungseinrichtungen der Richtung Ingenieur- und Naturwissenschaften an. Dort schlummert häufig Know-how, das aktiviert werden kann, oder es können Beratungen erfolgen und Dienstleistungen in Anspruch genommen werden, die das junge Unternehmen selbst nicht erbringen kann. Wichtig für den Gründer ist jedoch zu erkennen, dass er mit Menschen zusammenarbeiten muss und nicht mit einer Institution. Gerade wenn es um Ideen, Visionen und Entwicklungen, aber auch um vertrauliche Dinge geht, sind diese menschlichen Komponenten von entscheidender Bedeutung. Nur wenn diese stimmen, können Inspiration und Kreativität optimal sprießen. Andererseits muss aber auch dem Gründer bewusst sein, dass nicht jedes Forschungsgebiet und Forschungsergebnis unternehmensrelevant und nicht jeder Forscher der geborene Unternehmer und Manager ist.

Ausblick

Globalisierung und technologischer Fortschritt in einer zunehmend komplexer werdenden Welt führen auch für Unternehmen und Unternehmensgründer zu neuen Herausforderungen.

Diese zu bewältigen, sollte man nicht dem Zufall überlassen. Bereits in der Schule und besonders aber in der Hochschule sollte man über wirtschaftliche Zusammenhänge und die Bedeutung und Notwendigkeit von Unternehmen für den Wohlstand der Menschen informieren. Das Potenzial zu selbständigem Handeln und zum Führen einer Einrichtung steckt in mehr Menschen, als man vermutet. In Deutschland gibt es z. B. etwa 600.000 eingetragene Vereine. Jeder dieser Vereine hat einen Vorstand und viele dieser Vereinsmanager führen als Ehrenamtler nebenberuflich so erfolgreich einen Club, dass sie auch ein Unternehmen führen könnten. Die Fähigkeit dazu haben sie sich mit ihrer Aufgabe angeeignet. Diese Eigenschaften sollte man frühzeitig identifizieren und den Menschen die Chance bieten, sie professionell auszubauen.

Chancengleichheit für Frauen in Führungspositionen ist ein aktuelles Thema. Selbst in kleinen Betrieben stehen heute weniger als 30 % Frauen an der Spitze eines Unternehmens. Ähnlich verhält es sich bei den Gründungen durch Frauen. Auch hier schlummert noch ein Potenzial, das es durch geeignete Maßnahmen zu heben gilt.

Zur Nutzung aller dieser Potenziale sind Information und Bildung notwendig. Hier können z. B. auch die Hochschulen mit dem Ausbau ihrer Career Service-Einrichtungen die Soft Skills der Studierenden fördern. Sie könnten zugeschnittene Lehrveranstaltungen oder Studiengänge mit geeigneten Lehrenden – ggf. auch aus der Wirtschaft – konzipieren und auf diese Weise dem Bedarf in einer komplexer werdenden Welt durch qualifizierte Akademiker gerecht werden. Auch die Art der Darbietung von Vorlesungen sollte im Zuge der Globalisierung überdacht werden. Präsenzveranstaltungen könnten durch Onlinekurse ersetzt werden, um eine größere Klientel ortsungebunden bedienen zu können. So genannte frei zugängliche Massive Open Online Courses (MOODs) sind derzeit stark im Kommen.

Wie bereits oben angeführt, kritisiert der BVDS die mangelhaften Finanzierungsmöglichkeiten von StartUps. Hierfür bietet sich vielleicht zukünftig als Finanzierungsalternative Crowdfunding an. Dieses System ist einfach: StartUps stellen auf speziellen Internetplattformen ihr Unternehmen vor, um möglichst viele Geldgeber mit ggf. auch kleinen Beträgen zu gewinnen. Damit können sie den ihnen oft verweigerten Weg zum klassischen Bankkredit umgehen. Dieses Finanzierungsinstrument könnte zukünftig für die Frühphase von Bedeutung werden. Lt. Handelsblatt vom 13.3.2013 haben die drei Marktführer in Deutschland bereits etwa 40 StartUps finanziert.

Über die Karriere des britischen Praktikanten ist mir übrigens nichts bekannt

5.2 Eine kleine Chronik der Innovationsfinanzierung in der Technologieregion Aachen

Sparkassenbetriebswirt (dipl.) Horst Gier

Vorstandsmitglied der S-UBG AG Unternehmensbeteiligungsgesellschaft

(bis zum Eintritt in den Ruhestand zum 30.06.2011)

Vorwort

In der Sprache der Indianer könnte es heißen: Johannes Gartzen reitet in das Abendrot! Kaum zu glauben: er geht in den Ruhestand.

Wenn man ihn so ansieht, dann erinnert mich seine jugendliche Erscheinung an meine erste Begegnung mit ihm vor etwa dreißig Jahren auf der Hannoveraner Industriemesse. Er war leidenschaftlich interessiert am Zusammenspiel von Technologie und Entrepreneurship, mir ging es um Innovation und Finanzierung. Wir fanden aber schnell heraus, dass sich unsere Interessen hervorragend ergänzten, und so verwundert es nicht, dass wir uns auf unseren unterschiedlichen Wegen seither immer wieder auf regionaler Ebene gerne begegnet sind.

Aus dieser gemeinsamen Erfahrung heraus, auch wenn ich Johannes Gartzen mit einem Vorsprung von zwei Jahren in den Ruhestand vorausgegangen bin, fühle ich mich heute durchaus noch berufen, ihm nicht nur persönlich ein paar tröstliche Worte zuzusprechen, sondern auch noch einmal einen Blick zurück auf gemeinsam erlebte drei Jahrzehnte fantastischer Technologiegeschichte in unserer Aachener Region zu richten, wobei ich mich verständlicherweise auf den Aspekt der Finanzierung von Innovationen bescheiden werde.

Die Anfänge

Aller Anfang ist schwer. Zu dieser sprichwörtlichen Erkenntnis war auch schon Aristoteles gelangt, als er sagte „ der Anfang ist die Hälfte des Ganzen“.

Wie schwer es auch immer gewesen sein mag, heute steht jedenfalls fest, dass die zu Beginn der achtziger Jahre begonnenen ersten Gespräche über Technologietransfer in der Aachener Wirtschaftsregion zu einem bundesweit beispielhaften Innovationsnetzwerk geführt haben.

Vor dem Hintergrund weggebrochener regionaler Schlüsselindustrien – Steinkohlebergbau sowie Tuch- und Nadelindustrie – wurden Auswege und Lösungen für einen erfolgreichen Strukturwandel gesucht. Man besann sich auf die enormen und bisher kommerziell wenig genutzten Potenziale, die insbesondere in der Wissenschaftshochburg „Technische Hochschule" schlummerten und doch bestens für die Gründung innovativer Unternehmen geeignet erschienen. Die Frage war nur, wie bei den in Frage kommenden jungen Wissenschaftlern das Gen zum Unternehmer und die Bereitschaft geweckt werden könnten, aus der sicheren Hochschulanstellung oder aus der Perspektive einer attraktiven Industriekarriere auszubrechen und das gerade bei innovativen Geschäftsmodellen hohe Risiko einer Existenzgründung einzugehen. Hinzu kam, dass ständig neue Erfolgsmeldungen aus Amerika über Gründungen von High-Tech-Unternehmen in Silicon Valley herüberschwappten. Die Zeit war reif für Lösungen auch in unserer Region!

Die Initiative ging schließlich von den Spitzen der Rheinisch-Westfälischen Technischen Hochschule, der Stadt, der Industrie- und Handelskammer und der Sparkasse aus. Im Zentrum der Überlegungen standen Fragen wie:

- Organisation eines leistungsfähigen Technologietransfers
- Finanzierung und Trägerschaft eines Gründer-/Technologiezentrums
- Zusammenarbeit zwischen Hochschule und kommerziellen Existenzgründern
- und nicht zuletzt: Finanzierung der High-Tech-Gründungsunternehmen.

1984 wurde dann das erste Technologiezentrum in Aachen gegründet. Zeitgleich kreierte die Sparkasse Aachen ihr „*Innovationskreditprogramm*". Dieses Programm war selbst eine echte Innovation mit bis dahin in der Kreditwirtschaft völlig unbekannten Merkmalen wie

- modifizierte Schuldbefreiung
  d.h.: wenn die innovative Existenzgründung aus technischen oder marktbedingten Gründen scheiterte, verzichtete die Sparkasse auf ihre Kreditforderung!
- abgesenkte Sicherheitenschwelle
  d.h.: auf die Qualität vorhandener Kreditsicherheiten kam es nicht an, ausschlaggebend waren vielmehr die Erfolgsaussichten des jungen Unternehmens, der Kredit wurde also „blanko" gewährt
- projektgerechte Konditionen
  günstiger Zinssatz, fällig am Ende einer großzügig bemessenen Laufzeit, bis dahin tilgungsfrei, keine Erfolgsbeteiligung
- u.v.m.

In Verbindung mit den günstigen Rahmenbedingungen im Technologiezentrum und dem allgemein gründungsfreundlichen Klima des gesamten Innovationsnetzwerkes wurden zwischen 1984 und 1988 mit dieser attraktiven Anschubfinanzierung mehr als 100 jungen Entrepreneuren der Weg in eine Erfolg versprechende unternehmerische Zukunft ermöglicht.

Dieses durchschlagende Ergebnis konnte als großer Erfolg gewertet werden, zumal die Unternehmen sich mit nur wenigen Ausnahmen hervorragend entwickelt haben; einer der ersten Innovationskreditkunden z.B. war die heute im TecDax notierte Aixtron AG.

Die Entstehung eines regionalen Venture-Capital-Marktes

So erfolgreich das Innovationskreditprogramm der Sparkasse Aachen aber auch war, das Ende war vorausbestimmt. Die Sparkasse trug das volle Kreditausfallrisiko ohne Aussicht auf eine adäquate Erfolgsbeteiligung. Von daher war das Programm von Beginn an kontingentiert und auf ein weitergehendes Nachfolgeangebot ausgerichtet. Dieses konnte sachgerecht nur eine Venture-Capital-Lösung sein.

1988 war es soweit. Die Sparkasse Aachen verband sich mit den damals weiteren fünf Sparkassen der Wirtschaftsregion Aachen und gemeinsam gründeten sie ihre erste Unternehmensbeteiligungsgesellschaft: die *S-UBG AG*.

Bis dahin war es ein weiter Weg, weil erst noch ein Satzungshindernis aus dem Sparkassengesetz mit einer erfolgreich initiierten Novellierung überwunden werden musste.

Die sechs Sparkassen der Wirtschaftsregion Aachen bewiesen mit ihrer Gründung Weitblick. Sie erkannten, dass der Bedarf an Eigenkapital bei den mittelständischen Unternehmen wächst und innovative Unternehmensgründungen nur über die Bereitstellung von Risikokapital nachhaltig finanziert werden können.

1997 wurde das Angebot von Risikokapital für junge Technologieunternehmen durch Gründung der *S-VC Risikokapital-Fonds GmbH* dann noch prägnanter herausgestellt.

Ein nächstes wichtiges Signal setzte die S-UBG – Gruppe 2007 mit der Vorstellung eines neuen *„Seed Fonds für die Region Aachen GmbH & Co. KG“* mit einem Volumen von 8,5 Mio €. Initiatoren waren die NRW-Bank, die Sparkasse Aachen sowie eine Gruppe von Privatinvestoren. Der Fonds hat sich zur Aufgabe gestellt, die Entwicklung zukunftsorientierter Technologien in der Wirtschaftsregion Aachen weiter zu beleben. Der Seed Fonds wurde schnell ein Erfolg und war in 2011 ausfinanziert. Schon 2012 legen die Sparkasse Aachen, die NRW-Bank und die DSA Invest GmbH den *Seed Fonds II* mit einem Volumen von 10,3 Mio € auf. Das Management liegt für beide Seed Fonds in bewährter Weise beim Team der S-UBG.

Die regionalen Sparkassen

Die Sparkassen engagieren sich traditionell für Mittelstand, Handwerk und Existenzgründungen. Dabei haben die Sparkassen der Wirtschaftsregion Aachen schon frühzeitig die besonderen Chancen aber auch die besonderen Herausforderungen erkannt, die Technologietransfer und Innovationen mit sich bringen.

Das Engagement der Sparkassen für Innovation und Technologietransfer zeigt sich über ihre Initialzündung mit dem beschriebenen *Innovationskreditprogramm* und dem mit der S-UBG-Gruppe nachhaltigen Beteiligungsangebot hinaus in vielfältiger Weise:

Da ist zunächst einmal die besondere *Betreuungs- und Finanzierungsleistung im Existenzgründungsbereich* und im Feld der *Innovationsförderung* zu erwähnen. Die Sparkassen unterhalten spezielle Abteilungen mit hochqualifizierten Fachleuten. Nur so ist zu verstehen, dass tatsächlich die Sparkassen in allen Statistiken absolut beherrschende Positionen bei der Finanzierung von Existenzgründungen und erst recht bei innovativen Gründungen einnehmen.

Über diese auch schon nicht – jedenfalls im Vergleich zu anderen Kreditinstitutsgruppen – selbstverständlichen Leistungsangebote hinaus engagieren sich die regionalen Sparkassen in besonderen Maßnahmen, wovon hier nur zwei Beispiele erwähnt sein sollen:

- Die Sparkassen sind Hauptfinanziers sowie Ideen- und Ratgeber der „GründerRegion Aachen", einem Zusammenschluss von Kammern, Kommunen, Wirtschaftsfördergesellschaften, Hochschulen und Forschungseinrichtungen sowie der regionalen Sparkassen und Genossenschaftsbanken. Ziel ist es, Transparenz im Gründungsgeschehen und ein überregionales Marketing zu schaffen.

- Mit dem AC²-gründungswettbewerb, den die Sparkassen in Verbindung mit einem Wettbewerb für bestehende Unternehmen, der AC²-wachstumsinitiative, als Partner mittragen, werden seit 2003 sehr erfolgreich Existenzgründungen angeregt, unterstützt und prominent ausgezeichnet.

Fazit & Ausblick

Seit mehr als dreißig Jahren sind in unserer Region immer wieder junge Persönlichkeiten mit großartigen Geschäftspotenzialen und unternehmerischem Talent neu hervorgetreten. Mit Unterstützung des Innovationsnetzwerks und deren Finanzierungspartner sind daraus hunderte technologieorientierte Unternehmen entstanden, die sich erfolgreich in ihren Wachstumsmärkten entwickelt und tausende Arbeitsplätze geschaffen haben. Diese Erfolgsgeschichte setzt bundesweit Maßstäbe!

Es spricht nichts dagegen, dass die Quelle fantastischer Geschäftsideen und junger Entrepreneure auch weiter kräftig sprudeln wird. Aktive lokale Venture-Capital-Partner und ein engagiertes Innovationsnetzwerk freuen sich darauf, diese jungen Unternehmensgründer nach Kräften zu unterstützen. Wenn zu alle dem der „Kreis der Ehemaligen" – den alten weisen Protagonisten – die der Gründerszene ja auch noch mit ihrer Erfahrung, mit gutem Rat oder als Business Angel zur Seite stehen, jetzt noch durch Johannes Gartzen verstärkt wird, dann muss einem um die Fortsetzung der Erfolgsgeschichte der Technologieregion Aachen nicht bange sein! Glück auf!

5.3 Finanzierungspartnerwahl durch mittelständische Unternehmen

Prof. Dr. rer. pol. Herbert Schmidt

Vorstandsvorsitzender Sparkasse Düren

Vorsitzender des Aufsichtsrats der S-UBG AG und S-VC GmbH

Honorarprofessor, Lehrgebiet Entrepreneurship/ Finanzierung, Fachhochschule Aachen

Einleitung

Mittelständischen Unternehmen kommt in der Bundesrepublik Deutschland eine besondere Bedeutung zu. Ihr Anteil an der gesamtwirtschaftlichen Wertschöpfung ist nicht zu unterschätzen. Mittelstand ist Stabilitätsfaktor und Wachstumstreiber gleichermaßen. Aus dieser bestehenden Gemengelage heraus benötigt der Mittelstand zuverlässige Finanzierungspartner, die mit den besonderen Strukturen dieses Marktsegmentes erfahren sind. Er muss darauf vertrauen können, dauerhaft seine Finanzierungsnotwendigkeiten befriedigen zu können. Daraus ergibt sich die Frage: Wer sind die geborenen Partner des Mittelstandes in der Finanzdienstleistungsbranche?

Definition Mittelstand

Das Institut für Mittelstandsforschung in Bonn hat eine Definition anhand folgender Kriterien vorgelegt(vgl. Bild 5-1):

- Zahl der Beschäftigten und
- Umsatz €/Jahr.

Unternehmensgröße	Zahl der Beschäftigten	Umsatz in € je Jahr
klein	bis 9	bis unter 1 Million
mittel	10 bis 499	1 bis unter 50 Millionen
Mittelstand (KMU) zusammen	bis 499	bis unter 50 Millionen
groß	500 und mehr	50 Millionen und mehr

Bild 5-1: Unternehmensklassifikation gemäß des Instituts für Mittelstandsforschung Bonn (Quelle: IfM, Bonn)

Auf Basis der Zahlen des Statistischen Bundesamtes – Umsatzsteuerstatistik (Voranmeldungen) – ermittelt das IfM für 2010 einen Unternehmensbestand von insgesamt 3.165.286 Unternehmen. Hiervon sind 99,7% kleine und mittlere Unternehmen. Die nachstehende Übersicht gibt Auskunft im Detail. Interessant in diesem Zusammenhang ist, dass die Unternehmen mit einem Umsatz über 100 Mio. € nur einen Anteil von 0,2% am Gesamtbestand haben (vgl. Bild 5-2).

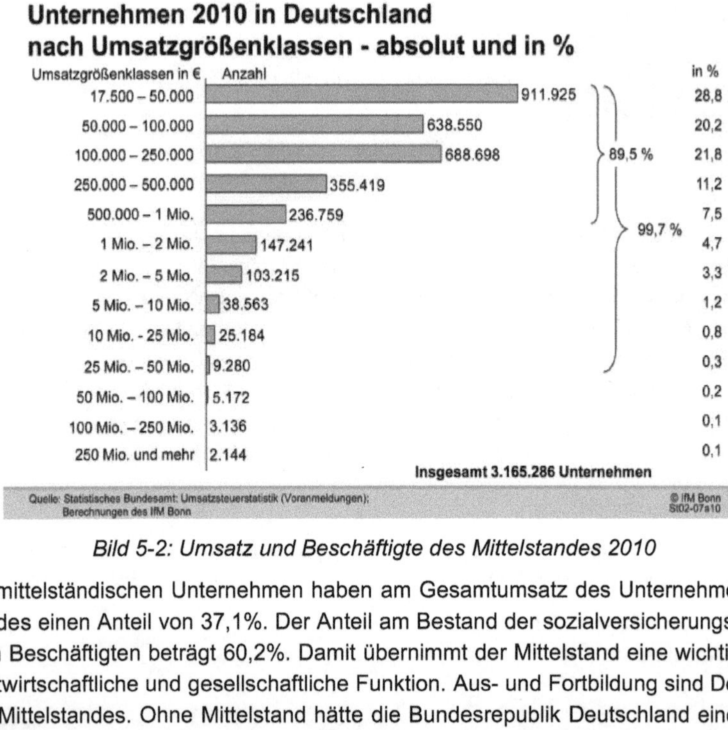

Bild 5-2: Umsatz und Beschäftigte des Mittelstandes 2010

Die mittelständischen Unternehmen haben am Gesamtumsatz des Unternehmensbestandes einen Anteil von 37,1%. Der Anteil am Bestand der sozialversicherungspflichtigen Beschäftigten beträgt 60,2%. Damit übernimmt der Mittelstand eine wichtige gesamtwirtschaftliche und gesellschaftliche Funktion. Aus- und Fortbildung sind Domäne des Mittelstandes. Ohne Mittelstand hätte die Bundesrepublik Deutschland eine nicht so erfolgreiche Entwicklung genommen, wie wir sie in den letzten Jahrzehnten erleben durften (vgl. Bild 5-3).

Mittelstandsgeschäft ist für Kreditinstitute oftmals ein kleinteiliges Geschäft. Kleinere und größere Investitionsprojekte, kleinere und größere Kontokorrentkredite müssen zur Verfügung gestellt werden. Die Abschnittsgröße des einzelnen Geschäftes bestimmt neben anderen Faktoren die Ertragsqualität des Einzelabschnittes für das Kreditinstitut. Hinzu kommen – ein positiver Gesichtspunkt – Risikostreuungsaspekte als Ergebnis der Kleinteiligkeit. Allerdings kann nicht vernachlässigt werden, dass die Aufbereitungskosten des einzelnen Engagements in Relation zur Größe relativ hoch sind.

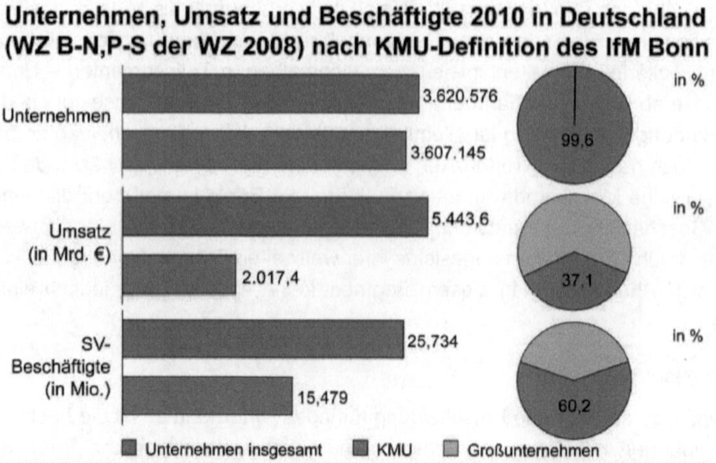

Bild 5-3: Finanzierungsnotwendigkeiten des Mittelstandes (Quelle: Statistisches Bundesamt; Unternehmensregister; IfM Bonn)

In der Bundesrepublik Deutschland haben wir ein dreigliedriges Bankensystem bestehend aus Volksbanken, Großbanken und dem öffentlich-rechtlichen Sektor der Sparkassenorganisation. Die einzelnen Sektoren haben unterschiedliche Geschäftsmodelle und damit auch eine unterschiedliche Affinität zum Mittelstand.

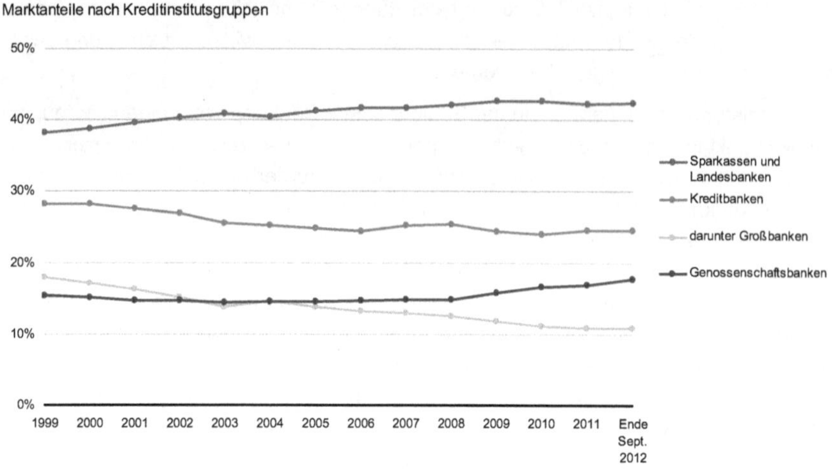

Bild 5-4: Kredite an Unternehmen und Selbstständige [ohne Finanzdienstleister] (Quelle: DSGV. Diagnose Mittelstand 2013)

Genossenschaftsbanken und der öffentlich rechtliche Sektor haben traditionell einen großen Anteil an der Mittelstandfinanzierung (vgl. Bild 5-4). Die regional ausgerichteten Geschäftsmodelle sind die Ursache für diesen Befund. Die immer wieder gestarteten Versuche des Großbankensektors sich im Werbeauftritt als Mittelstandsfinanzierer zu positionieren, waren in der Vergangenheit nicht von überdurchschnittlichem Erfolg gekrönt. Teilerfolge spielten/spielen sich allenthalben in Teilsegmenten – Umsatzgrößenklasse ab 5 Mio. und darüber – ab. Der Anteil des Großbankensektors in der Existenzgründungsfinanzierung ist allenthalben mit dem Adjektiv *bescheiden* zu beschreiben. Jedoch haben die Großbanken dennoch eine nicht zu unterschätzende Funktion. Der heimische Mittelstand widmet sich mit großem Erfolg immer mehr dem internationalen Geschäft. Hieraus entstehen spezielle/komplexere Finanzierungsnotwendigkeiten, die durch Großbanken angesichts ihrer weltweiten Präsenz gut abgedeckt werden können. Sie haben zwar in diesem Segment keine Alleinstellung, jedoch eine starke Präsenz.

Handlungserfordernisse

Eine wichtige strategische Entscheidung für jedes Unternehmen ist die Festlegung der Bankenpartner, mit denen man zusammenarbeitet. Unterschiedliche Parameter sind zu würdigen. Umsatzvolumina, Abschnittsgrößen einzelner Finanzierungsgegenstände, regionale oder internationale Ausrichtung etc. Zu bestimmen ist die Anzahl der Partner. Jeder Beteiligte sollte die Möglichkeit haben, entsprechend seiner Qualität angemessen Erträgnisse generieren zu können. Unterschiedliche Tätigkeitsschwerpunkte der Marktteilnehmer sind einzubinden. Zu viele Banken in einer Verbindung bringen das Problem mit sich, dass in Krisensituationen nur schwer Handlungsfähigkeit erzielt werden kann. Dieses Problem wird dadurch verschärft, dass bei Instituten, die nicht regional aufgestellt sind, Entscheidungen ohne Würdigung von regionalen Aspekten, in der Regel ausschließlich auf Basis betriebswirtschaftlicher und Risiko minimierender Aspekte getroffen werden.

Der Mittelstand ist gut beraten, in der Struktur seiner Bankenpartner einen eindeutigen Schwerpunkt im Bereich der regional tätigen Institute zu setzen. Eine ergänzende Begleitung, wenn die Größe des Unternehmens dies erforderlich macht, durch ein international tätiges Institut ist absolut sinnvoll. Wichtig ist, die Geschäftsmodelle der Bankenpartner im Auge zu behalten, da vor dem Hintergrund sich ständig verschärfender Regulierung der Finanzdienstleistungsindustrie, Veränderungen zu Lasten des Mittelstandes nicht auszuschließen sind. Anpassungen können hieraus notwendig werden, die jedoch in aller Regel nicht kurzfristig umsetzbar sind und einen gewissen Zeitaufwand beanspruchen. Insofern sollte der Kontakt zur Branche auch in Zeiten gepflegt werden, in denen keine konkreten Handlungsnotwendigkeiten erkennbar sind, um für die Zukunft flexibel zu sein.

5.4 Evolution und Wachstum von Kooperationen zwischen Unternehmen des verarbeitenden Gewerbes und Hochschulen

Dipl.-Ing. Andreas Fuchs, MBA, IWE

C. A. Picard Engineering GmbH & Co. KG

Franz Müller

Werksleiter

Carl Aug. Picard GmbH

Einleitung

Allgemein lässt sich beobachten, dass Wirtschaftskrisen in immer kürzeren Zyklen auftreten. Gründe hierfür sind zum Beispiel

- der Wandel vom Käufer- zum Verkäufermarkt,
- die Globalisierung,
- eine immer schneller voranschreitende technische Entwicklung.

Gerade für kleine und mittlere Unternehmen (kmU) ist diese zunehmend dynamische und unsichere Unternehmensumwelt eine existenzielle Bedrohung, der sie sich jeden Tag neu stellen müssen.[1]

Von welch großer Bedeutung kmU für den Wirtschaftsstandort Deutschland sind, lässt bereits Bild 5-5 erahnen. Es zeigt statistische Daten des Instituts für Mittelstandsforschung (IfM) in Bonn, das kmU als Unternehmen mit einem Jahresumsatz kleiner 50 Mio. Euro und mit weniger als 500 Beschäftigten definiert.[2]

---

[1] Vgl. Pechlaner H. et al. (Hrsg.) (2007), S. I.
[2] Vgl. Institut für Mittelstandsforschung Bonn (Hrsg.) (2013).

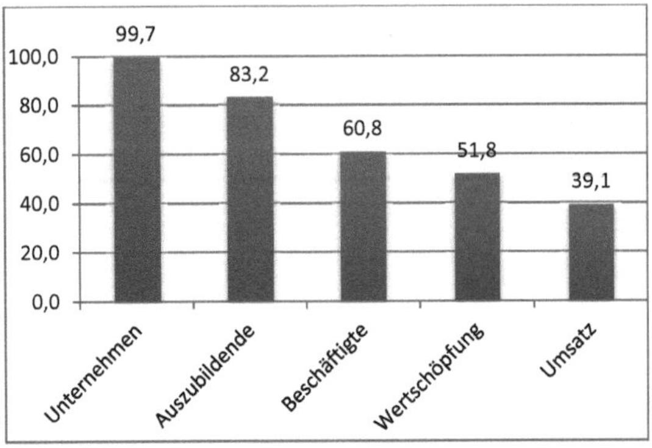

Bild 5-5: Anteile kmU in Deutschland, Angaben in %

Sowohl Bund als auch EU sind sich der herausragenden Rolle von kmU bewusst. Aus diesem Grund werden von staatlicher Seite verschiedenste Möglichkeiten von Förderungen angeboten. Oft ist hierbei ein zentrales Bestreben Innovation zu fördern, weil gerade diese einen Schlüsselfaktor für Wachstum und Beschäftigung in Deutschland darstellt.[3]

Häufig sind Innovationen das Resultat intensiver Forschungs- und Entwicklungstätigkeiten. Die damit einhergehende Bindung von Ressourcen sowohl personeller als auch finanzieller Art ist insbesondere für kmU eine besonders große Belastung. Anders als große Unternehmen verfügen sie üblicherweise nicht über eigene Forschungs- und Entwicklungsabteilungen, sondern sind gezwungen, Entwicklungstätigkeiten „on top" zum Tagesgeschäft zu leisten. Trotzdem können kmU auch ohne staatliche Förderung aktiv ihre Innovationsfähigkeit selbst ausbauen. Hierzu müssen sie über kreative und gut ausgebildete Mitarbeiter verfügen, die ein gutes Netzwerk mit spezialisierten Partnerunternehmen pflegen. Gleichzeitig dürfen sie nie den Anschluss an neue Forschungserkenntnisse und Entwicklungen verlieren. Besonders reizvoll ist deshalb die enge Kooperation mit einer Hochschule. Diese wirkt im Idealfall wie ein Katalysator für neue Innovationen und gewinnbringende Unternehmenskontakte.

Dieser Beitrag zeigt zunächst die Stakeholder aus einer Kooperation von kmU und Hochschule auf. Anschließend werden mögliche Hindernisse erläutert, die es zu überwinden gilt. Am Beispiel der Carl Aug. Picard GmbH und der FH Aachen wird abschließend erklärt, wie sich eine erfolgreiche Zusammenarbeit von kmU und Hochschule mit der Zeit entwickeln kann.

---

[3] Vgl. Bundesministerium für Wirtschaft und Technologie (Hrsg.) (2013).

Kooperation kmU und Hochschule

Stakeholder

Eine Person oder eine Gruppe von Personen, die ein berechtigtes Interesse am Verlauf eines Projektes oder Prozesses haben, bezeichnet man auch als Stakeholder.[4] Die offensichtlichen Stakeholder einer Zusammenarbeit von kmU und Hochschule sind demnach

- die Hochschule selbst,
- Studenten und
- das beteiligte Unternehmen.

Die Hochschule erlangt vielfältige Vorteile aus einer solchen Wirtschaftskooperation. So steht sie dadurch beispielsweise in einem ständigen Kontakt mit den Anwendern der Industrie. Sie ist also stets auf dem Laufenden, welche Aufgabenstellungen aktuell in der Wirtschaft zu bewältigen sind. Damit kann zum einen die Ausbildung der Studenten praxisgerecht gestaltet werden. Davon profitieren nicht nur die Studenten, sondern auch die Industrie und somit der Wirtschaftsstandort Deutschland, weil Absolventen in ihrem Studium die Grundlagen gelernt haben, auf die sie in ihrem späteren Arbeitsleben zurückgreifen müssen. Zum anderen ermöglicht dieses Wissen um konkrete Fragestellungen auch eine konkrete, für die Industrie interessante Forschung. Diese Forschungsergebnisse wiederum fördern Innovationen bei Unternehmen.

Darüber hinaus bieten Wirtschaftskontakte für Hochschulen die Chance, Drittmittel einzuwerben. Solche Drittmittel ermöglichen dann beispielsweise Investitionen in moderne Laborausstattung. Diese Gerätschaften nach dem jeweiligen aktuellen Stand der Technik erlauben nicht nur spannende und lehrreiche Praktika für Studenten, sie sind häufig sogar die Grundvoraussetzung für weitere Forschung und Entwicklung neuer technischer Lösungen. Die genannten Vorteile aus Hochschulsicht sind in *Bild 5-6* grafisch dargestellt.

Direkt profitieren Unternehmen und Studenten im Falle von Praxisprojekten und Abschlussarbeiten voneinander. Bietet ein Unternehmen beispielsweise ein konkretes Entwicklungsprojekt im Rahmen einer Masterarbeit an, erhält es die Chance, zu sehr geringen Kosten einen Ingenieur zu beschäftigen, der darüber hinaus auch noch aktiv seitens der Hochschule in diesem Projekt unterstützt wird. Ganz automatisch lernen sich der Student und das Unternehmen durch diese Zusammenarbeit gut kennen und idealerweise auch schätzen. Das kann sich schon früh zeigen, zum Beispiel in einer Anstellung nach der Abschlussarbeit, oder aber auch erst Jahre später, wenn sich die Wege wieder kreuzen und man sich gegenseitig empfiehlt. Dies gilt genauso für Hochschule und Unternehmen. Mit jedem gemeinsamen Projekt lernt man sich besser kennen.

---

[4] Vgl. Schuh, G.; Kampker, A. (2011), S. 10ff.

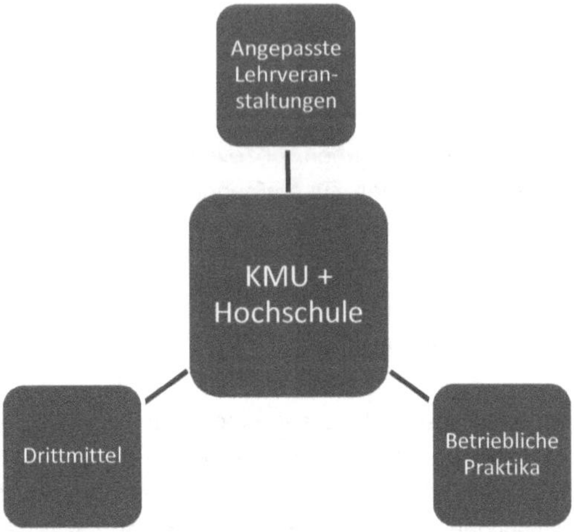

Bild 5-6: Vorteilhaftigkeit einer Unternehmenskooperation aus Hochschulsicht

Die Folge davon ist, dass man sich gegenseitig hilft. Typisch hierfür ist beispielsweise, dass sich das Unternehmen bei einer offenen Stelle oder bei der Suche nach einem Lieferanten auch Hilfe suchend an die Hochschule wendet. Infolgedessen wächst nach und nach ein Netzwerk kompetenter Ansprechpartner in hochspezialisierten kmU, in deren Mitte als verbindendes Glied die Hochschule steht. Dieses Ausstrahlen auf die ganze Wirtschaftsregion der Hochschule macht deutlich, dass die Anzahl an Stakeholdern einer erfolgreichen Zusammenarbeit von Hochschule und kmU also weit über die drei eingangs genannten hinausgehen.

Zusammengefasst kann man bei einer erfolgreichen Zusammenarbeit von einer Win-Win-Win Situation für Hochschule, Studenten und Unternehmen sprechen, die aufgrund der praxisbezogenen Ausbildung junger Menschen, neu geknüpfter Kontakte und Netzwerke sogar weit in die Region der Hochschule ausstrahlt und damit sogar von gesamtgesellschaftlicher Relevanz ist.

Hindernisse

Bei allen Chancen der Kooperation von Hochschule und kmU soll aber nicht verschwiegen werden, dass möglicherweise auch einige Hindernisse auf dem Weg zur erhofften Win-Win-Win-Situation zu bewältigen sind.

Häufig sind kleine Unternehmen, insbesondere aus dem Maschinenbau, von einer handwerklichen Arbeitsweise geprägt. Diese unterscheidet sich teilweise jedoch deutlich von der von Hochschulen, die akademisch ausgerichtet ist.

Ein erster Stolperstein kann bereits die Sprache darstellen. Während seines Studiums lernt der Student spezifisches Fachvokabular, um einen Sachverhalt möglichst treffend beschreiben zu können. Wendet er dieses nun an, wird er unter Umständen nicht verstanden. Eine ablehnende Haltung kann die Folge davon sein.

Ebenso trifft ein Handwerker häufig Entscheidungen auf Grundlage seiner vielleicht jahrzehntelangen Erfahrung. Oft weiß er einfach, was funktioniert und was nicht, auch wenn er die physikalischen Hintergründe nicht erklären kann. Der Student hingegen kann nicht auf eine solche Erfahrung zurückgreifen, ihm bleibt nur die Theorie (Fachliteratur, Berechnungen etc.). Das verzögert nicht nur das Treffen einer Entscheidung, vielleicht wählt er sogar die falsche Lösung, weil ihm mangels Erfahrung der Überblick fehlt und er so wichtige Zusammenhänge übersieht.

Die folgenden Vorschläge zur Überwindung dieser Hindernisse klingen banal, sind jedoch nicht einfach umzusetzen, weil sie teilweise sehr viel Empathie erfordern, die sich leider nur bedingt lernen lässt.

Von besonders großer Bedeutung ist, dass der Student von der Führung des Unternehmens richtig unterstützt wird. Dies beginnt damit, dass seine Aufgabe konkret formuliert und im Unternehmen auch kommuniziert wird. Ganz wichtig ist bereits vorab eine Festlegung, wer später der Ansprechpartner des Studenten sein wird und ihm in der Funktion eines Mentors bei Fragen unter die Arme greifen kann. Weiterhin ist es die Aufgabe des Unternehmensbetreuers, den Studenten seinen Kollegen, mit denen er künftig zusammenarbeiten wird, vorzustellen und seine Aufgabe kurz darzulegen.

Der Student muss sich darüber bewusst sein, dass zwischen ihm und einem Arbeiter möglicherweise ein Bildungsunterschied besteht und er sich entsprechend angepasst verhalten sollte. Das heißt keinesfalls, dass er „sein Licht unter den Scheffel stellen" soll. Im Gegenteil, er hat die Aufgabe, technische Zusammenhänge auf das Wesentliche reduziert und in normaler Umgangssprache so zu erklären, dass sie jeder versteht. Ein Verhalten, dass arrogant wirken könnte, sollte er tunlichst vermeiden. Kleinigkeiten wie eine angepasste Kleiderwahl (zum Beispiel „normale" Kleidung in einem Produktionsbetrieb statt Anzug und Krawatte) und normale Umgangssprache helfen hierbei bereits enorm. Ebenso sollte er darauf achten, ob er vielleicht im Weg steht oder ob er schnell mit anpacken kann. Gleichzeitig muss der Student von seiner Grundhaltung Respekt für die Arbeit des Facharbeiters empfinden und zeigen. Er sollte sich stets darüber im Klaren sein, dass theoretisches Wissen Erfahrungen nicht ersetzen kann. Die gegenseitige Wertschätzung und Vertrauen sind die Voraussetzung, dass beide Seiten voneinander profitieren können.

Entwicklungsschritte einer Hochschulkooperation

Wie sich eine Zusammenarbeit von Hochschule und kmU entwickeln kann, zeigt die Kooperation der Fachhochschule Aachen mit dem mittelständischen Unternehmen Carl Aug. Picard GmbH (CAP). Initiiert durch das Forum EifelTEC, das eine Förderung der Wirtschaftsregion Eifel durch eine stärkere Vernetzung von dort ansässigen Unternehmen zum einen untereinander und zum anderen mit Hochschulen zum Ziel hat, schlossen mehrere Nordeifeler Unternehmen im September 2007 einen Kooperationsvereinbarung mit der FH Aachen, Fachbereich Maschinenbau.[5] Infolge dieser ergriff schon kurz darauf ein Student die Gelegenheit, seine Diplomarbeit zu einem von CAP formulierten schweißtechnischem Thema zu verfassen.

Als 2008 CAP einen Schweißfachingenieur suchte, lag es ebenfalls nahe, ergänzend zu öffentlich ausgeschriebenen Stellenanzeigen die FH Aachen mit in die Suche nach einem geeigneten Bewerber einzubeziehen. Dieses erfolgte ganz einfach und unbürokratisch mit einem Telefonanruf: „Wir suchen einen Schweißfachingenieur. Wenn ihr jemand kennt, den ihr empfehlen könnt, sagt ihm, dass er sich bei uns bewerben soll!". Schließlich gelang es CAP über diesen Weg, einen passenden Absolventen der FH Aachen kennenzulernen und einzustellen.

Diese Einstellung hat die weitere Zusammenarbeit nachhaltig vertieft. So erhielt nicht nur der ehemalige Student während seiner Einarbeitungszeit weiterhin Unterstützung seitens der FH bei fachspezifischen Fragen zur Schweißtechnik, es wurde sogar schon Anfang 2009 ein gemeinsames Schulungsprogramm erarbeitet und umgesetzt. Bei diesem erhielten die Schweißer von CAP von einem Angestellten der Fachhochschule ein ganz auf ihre Bedürfnisse zugeschnittene Sicherheits- und Theorieschulung, die durch praktische Vorführungen ergänzt wurden.

In den Jahren 2010 und 2011 verfassten unter der Mitbetreuung von CAP insgesamt vier Studenten ihre Abschlussarbeiten, die verschiedene Optimierungsprozesse des Fertigungsablaufs, der Fertigungsplanung und Fertigungssteuerung sowie metallografische Untersuchungen zu verschiedenen Schweißverfahren und Werkstoffen zum Thema hatten. Darüber hinaus hat sich ein Mitarbeiter von CAP von 2010 bis 2012 im Rahmen des berufsbegleitenden MBA-Studiums Entrepreneurship der FH Aachen weitergebildet. Hierbei wurden weitere Kontakte zu Hochschulinstituten geknüpft.

Parallel hat CAP weitere Forschungs- und Entwicklungsprojekte mit der FH Aachen gestartet, die noch nicht abgeschlossen sind. Aktuell schreibt beispielsweise wieder ein Student zu einem aktuellen Thema von CAP seine Masterarbeit. Da man sich durch diese langjährige Zusammenarbeit immer besser kennengelernt hat, sind teilweise auch freundschaftliche Beziehungen zwischen Mitarbeitern von CAP und der FH Aachen in verschiedensten Fachbereichen entstanden. Diese ermöglichen, dass man sich gegenseitig aushilft. „Schau‘ dir diesen Link mal an – ist das nicht etwas für euch?", „Kennt ihr jemanden, der uns hierbei weiterhelfen kann?" oder auch „Wir planen eine Exkursion mit unseren Studenten – dürfen wir euch besuchen kommen?" sind typische Sätze für eine solche freundschaftlich geprägte Zusammenarbeit. *Bild 5-7* veranschaulicht diesen Entwicklungsprozess grafisch.

---

[5] Vgl. Schepp, H. (2007).

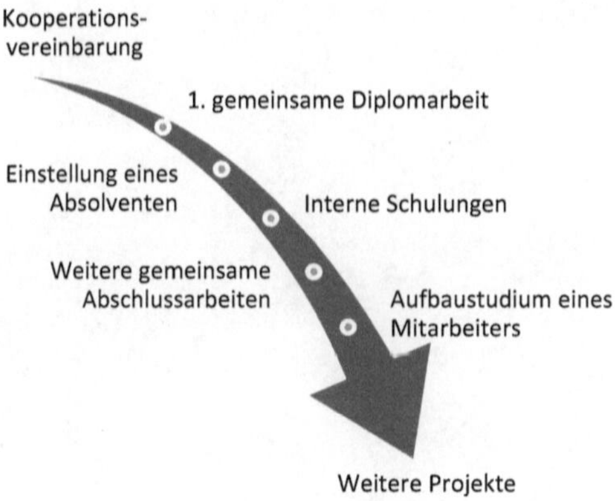

Bild 5-7: Evolution einer Kooperation zwischen Hochschule und Unternehmen

Abschließend kann man zusammenfassen, dass infolge dieser Zusammenarbeit von kmU und Hochschule beide Seiten voneinander profitiert haben und immer noch profitieren: Jedes gemeinsame Projekt mit der Fachhochschule hat CAP zu weiteren Innovationen verholfen. Dabei durften sich Studenten mit interessanten, praxisbezogenen Themen im Rahmen von Praktika und Abschlussarbeiten mit einer intensiven betrieblichen Betreuung zielorientiert beschäftigen. Darüber hinaus fördern die in diesem Zusammenhang erworbenen Drittmittel die Ausbildung vieler junger Menschen.

Literaturverzeichnis

Bundesministerium für Wirtschaft und Technologie (Hrsg.) (2013): Politik für den Mittelstand. URL: http://www.bmwi.de/DE/Themen/Mittelstand/Mittelstandspolitik/politik-fuer-den-mittelstand.html - Download vom 08.04.2013.

Institut für Mittelstandsforschung Bonn (Hrsg.) (2013): KMU-Definition des IfM Bonn. URL: http://www.ifm-bonn.org/mittelstandsdefinition/definition-kmu-des-ifm-bonn/ - Download vom 08.04.2013.

Pechlaner, H.; Hinterhuber, H.; von Holzschuher, W.; Hammann, E.-M. et al. (Hrsg.) (2007): Unternehmertum und Ausgründung - Wissenschaftliche Konzepte und Erfahrungen. Wiesbaden: Gabler Verlag, S. I.

Schepp, H. (2007): Das neue Netzwerk braucht keine Himmelsleiter. In: *Aachener Zeitung* vom 23.09.2007.

Schuh, G.; Kampker, A. (2011): Strategie und Management produzierender Unternehmen – Handbuch Produktion und Management. 2. Auflage. Heidelberg: Springer Verlag, 2011, S. 10-12.

5.5 Hochschule als Begleiter einer langfristig erfolgreichen Unternehmensentwicklung

Dipl.-Ing. Horst Küppers, EWE

Geschäftsführer

Stahlbau Küppers GmbH

„Mein Credo ist: Das Bewährte zu erhalten und doch das Neue zu suchen und ihm eine Chance zu geben." Horst Küppers ist Chef seiner eigenen Firma. Er leitet die Stahlbau Küppers GmbH, nachdem er Anfang der 90er Jahre sein Maschinenbau-Studium an der FH Aachen abgeschlossen hat. Seither wächst die Firma. Eine Firma, die als der älteste Handwerksbetrieb in Nordrhein-Westfalen gilt. Auf eine mehr als 400-jährige Geschichte schaut der Diplom-Ingenieur zurück. Etliche Krisen hat der Betrieb mit Sitz im ländlichen Hückelhoven überlebt. 13 Generationen haben eine wechselnde Geschichte geschrieben. Lief das Stahlbauunternehmen wegen des Bergbaus als Hauptzulieferer für die Zeche Sophia-Jacoba früher automatisch, musste sich der heutige Geschäftsführer Neues einfallen lassen, um überleben zu können.

Es musste eine Umstrukturierung stattfinden, die nur mit Hilfe der FH Aachen gelang. Die Stahlbau Küppers GmbH bekam eine neue Ausrichtung, indem Professor Dr. Johannes Gartzen einen Wandel begleitete, der eine Zukunft sicherte. Schnell wurden Zertifikate, Qualifikationen und damit herausragende Kompetenzen im Stahlbau angesammelt, was heute in der Zulassung zum Rückbau von Kernkraftwerken gipfelt. Eine Zulassung, die nur wenige Firmen in Deutschland besitzen. Heute erledigt die Stahlbau Küppers GmbH Fertigungen, Montagen, Reparaturen und Vertriebsarbeiten in den Bereichen Stahl-, Anlagen-, Apparate-, Maschinen- und Rohrleitungsbau. Passgenaue Teile für Windkraftanlagen, die Erdölindustrie und Atomkraftwerke werden hergestellt. Neben dem Hallenbau, den die Küppers GmbH beherrscht, finden die Mitarbeiter auch Sonderlösungen für Kunden.

Auch europaweit. Da war Maßarbeit in Norwegen eine Herausforderung für das Montage-Team. Als das Projekt beendet war, kannte das Team seine Perfektion: „Einen 25 Tonnen schweren Trockner auf einer Bühne zu montieren und zum angrenzenden Bauteil zehn Zentimeter Platz zu haben, ist grandios", urteilt Diplom-Ingenieur Frank Staudenherz.

„Gute Arbeit ist auch im Ausland gewünscht", weiß Firmenchef Horst Küppers. So war es ein Holz verarbeitendes Unternehmen, 100 Kilometer südlich von Oslo, das vom

Montagekonzept des Hückelhovener Unternehmens begeistert war. „Wir haben eine Arbeitsbühne mit Treppen und Geländern errichtet, um so an die Messpunkte zu gelangen, aber auch um die unterschiedlichen Arbeitsebenen zu erreichen“, erinnert sich Projektleiter Sven Palmen und schiebt mit einem Lächeln hinterher: „Das war wirklich Maßarbeit. Bei solch einer räumlichen Enge zu arbeiten, war eine Herausforderung.“ Die Lösung für zufriedene Kunden und gute Arbeit sei einfach, denn Transparenz, sowohl dem Kunden als auch den Mitarbeitern gegenüber, sorge jedes Mal für den reibungslosen Ablauf von Projekten.

Natürlich passen die internationalen Kunden in die Geschäftsphilosophie des Unternehmers: Die Kunden sollen regional bedienen werden. Zuverlässig. Deshalb gilt: „Wir kommen gerne zu unseren Kunden oder auf deren Baustelle. Immer. Egal wohin. Wir sind für deren Anliegen da. Wir realisieren Projekte und betreuen unsere Kunden dort, wo sie uns brauchen – auch im Ausland“, sagt Horst Küppers.

Die Fertigungen werden in der Jacobastraße in Hückelhoven gemacht. In einer Halle, die groß ist. In der die neueste Maschinentechnik eingesetzt wird. „Nach dem Brand auf unserem Gelände im Frühjahr 2010, als rund 1000 Quadratmeter dem Feuer zum Opfer fielen, haben wir unsere Halle für den Stahlbau optimiert und die Produktionsflüsse wurden generiert“, zieht Horst Küppers ein Fazit. Investitionskosten von 2 Millionen Euro machen es möglich, dass Lastkraftwagen an die Halle heranfahren, sich eine Front von 25 Meter öffnet, ein ebenso langer Kran an die Lkw heranfährt, um diese zu entladen. „Dann können Stahlträger oder Bleche direkt auf die Zuschnittmaschinen gelegt werden“, beschreibt Küppers. In individueller Einzelfertigung können große Bauteile hergestellt werden. „Mit unserer Leistungsbereitschaft und der uns eigenen Zuverlässigkeit werden wir den wachsenden Ansprüchen unserer Kunden gerecht“, resümiert Horst Küppers.

Nicht nur Zufriedenheit der Kunden ist ein Patentrezept für Erfolg. Küppers kümmert sich auch um den Nachwuchs. Um die Mitarbeiter von morgen zu finden, kooperiert Horst Küppers mit Schulen. „Dann kommen Schüler, denen wir genau zeigen, was wir tun. So hoffen wir, dass wird das Interesse an unserer Arbeit wecken“, wünscht sich der Firmenchef, der auch zur Fachhochschule Aachen den Draht nach seinem Studium hält. „Eine Zusammenarbeit mit den Hochschulen ist enorm wichtig für uns, denn dem, was wir heute fertigen, liegt die Entwicklung von gestern zugrunde“, sagt Horst Küppers, der immer einen Schritt weiter sein möchte. Das ist Teil seiner Strategie, die Erfolg verspricht. Einer Strategie, die mit Hilfe des FH-Professors Gartzen, mit seinem persönlichen Einsatz eine richtungsweisende und beispiellose Entwicklung erfahren hat.

Horst Küppers ist mittlerweile für 100 Mitarbeiter verantwortlich – vor 20 Jahren waren es noch zwei Mitarbeiter, die auf der Gehaltsabrechnung standen. „Natürlich versuche ich in die Zukunft zu blicken, versuche weitreichende Entscheidungen zu treffen, um die Firma gesund dastehen zu lassen“, sagt der Chef und es macht den Anschein, als gebe es nichts einfacheres, als eine Firma gesund wachsen zu lassen.

Eine seiner Strategien: „Einmal im Jahr besuche ich Hochschulen, um für die Studierenden Vorträge zu halten, um aber auch die Studierenden kennenzulernen“, erzählt der Chef. Dort sucht er Studenten, die für ihn arbeiten, ihre Diplom-, Master- oder Bachelor-Arbeit im Betrieb schreiben. Dabei beobachtet Küppers die Nachwuchsakademiker, bindet sie an sein Unternehmen, wenn sie passen. „Unsere Firma wächst so schnell, dass jeder menschlich ins Team passen muss“, erklärt der Maschinenbauer. Dabei nimmt Küppers Neue gerne auf, die alten Mitarbeiter behält er. „Ich brauche die Erfahrung der Alten, die eventuell nicht mehr so viel Kraft haben, dafür aber ein großes Wissen während ihrer Betriebszugehörigkeit gesammelt haben“, erzählt der Chef, der für jeden Mitarbeiter immer wieder Aufgaben findet.

Gerade arbeiten neun Studenten in Hückelhoven. Das sind Studenten der FH Aachen, der FH Niederrhein, der Hogeschool Zuyd in Maastricht und der Universität Duisburg-Essen. Diese Studenten, die Themen bearbeiten wie die Einführung eines Fertigungsablaufprogramms, die Optimierung von Arbeitsschritten oder eine Zielkundenanalyse, sind Werksstudenten, die in den Praxissemestern bei Stahlbau Küppers ihren Arbeitgeber haben. „Außerdem sitzen zwei Professoren in meinem Aufsichtsrat, die mir mit wichtigem Input helfen“, verrät Horst Küppers und meint damit Professor Johannes Gartzen und Professor Gerd Wassenberg, die schon seit 20 Jahren die Geschicke des Stahlbaubetriebs begleiten.

Der funktionierende Betrieb bedeutet Arbeit. Weil sich eines zum anderen fügt: Gute Mitarbeiter, gute Ideen, ein guter Familienzusammenhalt, deshalb kann Horst Küppers immer auch wieder neue gute Mitarbeiter an seinen Betrieb binden. So ist die Begeisterung der Mitarbeiter zu spüren. Einer Begeisterung, für die 1998 in Stuttgart der „Professor-Adalbert-Seifriz-Preis für Technologietransfer“ und 2012 die gläserne Trophäe der AC²-wachstumsinitiative verliehen wurde.

Diese Begeisterung löst Sympathie für die Firma aus. Die Sympathie schlägt auf die Kunden über, die Vertrauen in das Unternehmen haben. Das Erfolgsrezept scheint einfach: Weil die Kunden zufrieden sind, sind es deshalb auch die Mitarbeiter. Diese arbeiten gerne auf dem Land, weil die Stimmung gut ist. Horst Küppers mag seine Mitarbeiter. Die Alten schätzt er, die Neuen sucht er. Als Chef einer Stahlbaufirma ist er auf der Suche nach Nischen, die er mit Know-how besetzt, damit seine Firma besser als andere dasteht. Das mag sein Patentrezept sein, warum es seinem Betrieb auch in Krisenzeiten nicht schlecht geht, warum er immer neue gute Mitarbeiter findet und warum er glücklich ist.

„Die Zusammenarbeit mit den Hochschulen ist enorm wichtig für uns“, sagt Horst Küppers, der immer einen Schritt weiter sein möchte, aber das Bewährte erhalten und doch das Neue suchen will, um ihm eine Chance zu geben.

5.6 Zukunftssicherung im Mittelstand – Kooperation zwischen der Stacke Tresorbau GmbH und der Fachhochschule Aachen

Prof. Dr.-Ing. Frank Janser

Lehrgebiet Strömungsmechanik und Industrieaerodynamik, Fachhochschule Aachen

Geschäftsführer, Stacke Tresorbau GmbH

Aufsichtsratsvorsitzender, REFA Nord West

Die Stacke Tresorbau GmbH in Aachen ist ein mittelständisches Produktionsunternehmen, das sich mit der Herstellung von Produkten für die Hochsicherheitstechnik, insbesondere Safes und Tresorräume für Banken und Kreditinstitute, aber auch im Licht der jüngsten Kriminalitätsentwicklung zunehmend mit der Absicherung privater Haushalte, beschäftigt. Das Unternehmen beschäftigt ca. 50 Mitarbeiter.

Zunehmender Preisdruck durch die Konkurrenz auch außer-europäischer Anbieter und die starke Reduzierung des Filialnetzes bei dem Hauptkunden „Bank" in Deutschland führten Mitte der 90er Jahre zu der Notwendigkeit einer Restrukturierung. In diesem Zusammenhang wurde das Konzept von „Lean Production" für die Anwendung auf die Stacke GmbH frühzeitig angedacht, analysiert und schlussendlich in wesentlichen Zügen auf das Unternehmen mit Erfolg angewendet. Die Stacke GmbH steht heute als einer der letzten Tresorhersteller auf europäischen Boden und Marktführer in dezidierten Marktsegmenten der Sicherheitstechnik stabil im Wettbewerb.

Das Konzept war dabei, die traditionsreiche, damals bereits 135 Jahre alte Unternehmung nicht einfach mit einem Schwarm von modischen Managementmethoden zu überziehen, sondern ein angepasstes Konzept für eine adäquate, zukunftssichere Aufstellung für die Anforderungen des neuen Jahrhunderts umzusetzen. Eine besondere Herausforderung lag darin, das extrem breite Produktspektrum, vom Standard-Safe über Kundenschließfächer, Nachttresoranlagen bis hin zu mehreren 100 m^2 Grundfläche großen Tresoranlagen (Bild 5-8), mit einer übersichtlichen Zahl vom Mitarbeitern als Komplettanbieter zu erhalten.

Bild 5-8: Produktvarianten der Fa. Stacke

Nach einer eingehenden Analyse gestaltete sich die Umsetzung im Wesentlichen in drei Stufen.

Stufe 1: Aufstellung einer geeigneten Organisationsstruktur

Alle Organisationseinheiten der Stacke GmbH wurden in einem ersten Schritt auf ihre Konzepttauglichkeit überprüft. Wo immer möglich wurde eine flache Organisation mit unbedingtem Fokus auf die Kunden eingestellt. Standard-Aufgaben wurden nun weitestgehend mit Hilfe von EDV-Systemen bewältigt. Im Bereich der Fertigung wurden Produktionsgruppen eingerichtet. Die bei der Stacke GmbH immer starke, innovative Entwicklungsabteilung wurde konsequent auf Kundennutzen und kundenorientierte Produkt- und Verfahrensentwicklung ausgerichtet. Der Ausbau einer leistungsstarken Service- und Wartungsabteilung für die immer älter werdenden Schloss- und Riegelsysteme im Kundenfeld wurde vorangetrieben.

In dieser Stufe wurde die damals für Metallbetriebe noch relativ neue ISO 9000 als Teil des Total Quality Management Konzepts eingeführt. Die Entwicklung der Organisationstruktur selber sowie die Arbeiten zur Erstellung des ISO 9000 Handbuchs und der entsprechenden Verfahrensanweisungen wurden durch Projekte und Abschlussarbeiten an der FH Aachen ermöglicht und dann auch von den Studierenden umgesetzt .Bereits in dieser Phase wurde die Verknüpfung der daran beteiligten Studierenden mit den Führungskräften des Unternehmens erfolgreich initiiert.

Stufe2: Produktionsstrategie

Wie bereits erwähnt ist die große Herausforderung für die Produktion der Stacke GmbH das notwendigerweise sehr breite Produkt-Portfolio, in dem alleine acht verschiedene Safegrößen in jeweils sechs Widerstandsgraden mit einer Vielzahl von Schlossoptionen und Inneneinrichtungen hergestellt werden müssen. Tresor-Türen mit kundenindividuellen Maßen in fünf Sicherheitsklassen sowie individuell hergestellte Tresorräume in zwölf verschiedenen Sicherheitsstufen ergänzen den Produktbereich. Die große Vielzahl zeitnah herzustellender Standardprodukte ist eine grundlegende Anforderung und führt dazu, dass die Mitarbeiter und die Fertigungsorganisation extrem flexibel sein müssen.

Um die Vielzahl an Produkten effizient und zu marktgerechten Preisen herstellen zu können, wurde daher eine Vorfertigungsproduktion, die die Einzelteile der Standard-Produkte in großen Serien vorbereitet, initiiert. In diesem Stadium waren größere Investitionen in moderne numerisch gesteuerte Blechbearbeitungsmaschinen notwendig. Der Vorfertigungsanteil selber beträgt heute durch diese Maßnahmen nur noch circa 12% der Gesamtauftragsbearbeitungszeit. Aus dem Vorfertigungslager wird dann die – in konsequenter Umsetzung des Pull-Prinzips – rein kundenauftragsbezogene Fertigung ausgelöst. Die Optimierung des Produktionslayouts konnte ebenfalls im Zusammenhang mit einer Abschlussarbeit an der FH Aachen analysiert und optimiert werden. Im Fertigungslayout selber wurden sogenannte Vorfertigungs-KANBAN-Lager eingerichtet, die im eingeschwungenen Zustand eine Minimierung der Bestände und eine weitgehende Flexibilisierung in Bezug auf die herzustellenden Produkte in kleinen Losgrößen erlauben. Das bei der Stracke GmbH im Zuge der Restrukturierung eingeführte Arbeitszeit-Konzept der „atmenden Firma" erlaubt zudem, Mitarbeiter individuell in einem flexiblen Korridor zwischen 30 und 45 Stunden wöchentlicher Arbeitszeit einzusetzen und damit exakt auf Marktschwankungen und Kundenbedürfnisse zu reagieren.

Stufe 3: Prozessoptimierung

Im Bereich der Fertigung wurde eine nachhaltige Optimierung aller Produktionsprozesse nach modernen arbeitswissenschaftlichen Gesichtspunkten und Methoden vorgenommen. Durch die extreme Fertigungstiefe, vom Rohblech angefangen bis zur fertigen Safe-Anlage, musste jeder einzelne Prozessvorgang separat analysiert und optimiert werden. Im Wesentlichen sind heute fünf modulare Fertigungsschritte von jeder Produktlinie zu durchlaufen. Von der NC-gesteuerten Vorfertigung der Bleche zur Generierung eines entsprechenden Produktkits über die Montage von Safekorpus und -tür und die Füllung der Tresorwanderung mit Mineralguss schließt sich die Endmontage, Lackierung und die Integration des Schloss- und Riegelwerksystems an. Zur Optimierung der Fertigungszeiten waren in den einzelnen Abteilungen Investitionen in numerisch gesteuerte Sondermaschinen und Vorrichtungen notwendig. Die Prozessoptimierung, die dazu notwendigen Untersuchungen und Analysen sowie die Erstellung der Feinkonzepte wurden vielfach mit Hilfe von Beratern aber auch durch den engagierten Einsatz Studierender im Rahmen ihrer Abschlussarbeiten vorgenommen. Die daraus resultierenden Ergebnisse wurden konsequent umgesetzt. Beispielsweise wurde die zunächst nahe liegende Idee der Einführung von Schweißrobotern verworfen und stattdessen eine konsequente Minimierung der Schweißanteile durch Eingriffe in den Produktdesign-Prozess vorgenommen. Im letzten Jahr wurde eine spezielle Mineralgussmischanlage als Spezialanfertigung mit Hilfe der Hochschule vom Entwicklerteam des Unternehmens konstruiert. Die Auswirkung auf Produktqualität und Fertigungszeit sind erheblich.

Ein EDV-gestütztes Auftrags-Center, verbunden mit einem CRM System, wird heute zur Fertigungssteuerung verwendet. Die Auswahl des Softwarelieferanten wurde im Rahmen eines Praxisprojektes mit Hilfe eines Teams von Studierenden vorbereitet. Die stark kundenorientierten Angebots- und Auftragsbearbeitungsprozesse der Stacke GmbH ermöglichen es heute, dass innerhalb von vier Tagen detaillierte Angebote bei Kunden vorliegen und in Abhängigkeit von Produkt oder Projektgrößen auch größere Projekte mit Lieferzeiten zwischen vier und acht Wochen realisiert werden können. Die damit verbundenen Vorteile stellen insbesondere im Hinblick auf die außereuropäische Konkurrenz ein erhebliches Alleinstellungsmerkmal dar.

Die Summe der Maßnahmen hat dazu geführt, dass die Stacke GmbH im Markt der Banken-Sicherheitstechnik, beispielsweise im Bereich von Tresortüren, Technologieführer geworden ist. In den letzten fünf Jahren konnte die, auf die schnelle Umsetzung von Spezialprojekten ausgerichtete, Entwicklungsabteilung der Stacke GmbH die flächenmäßig größten, weltweit gebauten Tresorräume realisieren. Die Eigenkapitalquote des erstarkten Unternehmens ist nunmehr größer als 65%. Der Exportanteil ist von 8% auf ungefähr 40% gestiegen. Die Mitarbeiterfluktuation geht gegen Null, was trotz ambitionierter Restrukturierungsmaßnahmen und hohen Anforderungen an die Mitarbeiter für den Erfolg der Maßnahmen steht. Die damit verbundenen Prozesse von der Analyse bis zur schlussendlichen Umsetzung waren sicherlich nicht trivial und sind auch in etlichen Details noch nicht abgeschlossen. Ein moderner Produktions- und Entwicklungsbetrieb am Standort Deutschland wird ständig in Bewegung sein und benötigt konstante Betreuung und Weiterentwicklung. Hier ist Stillstand Rückschritt. Die Herausforderungen an Produkte, Prozesse und Kundenorientierung werden jährlich neu definiert. Eine in sich lernende Organisation und nach außen hin offene Unternehmenskultur ist eine Verpflichtung für die Zukunftssicherung dieser Unternehmenstypen.

Insoweit ist der Wissens- und Technologietransfer ein wesentlicher Bestandteil für die Erfolgsbilanz, auch bei Stacke. Neben der, von der Hochschule in die Unternehmen getragene, Methodenkompetenz ist aber auch die Rückkopplung in die Lehre und die Ausbildung der Studierenden am Puls der Unternehmensentwicklung wichtig. Praktische Umsetzung validiert die Methodik, aber auch die Gültigkeit von theoretisch entwickelten Managementführungs- und Prozessoptimierungskonzepten. Die Aussage, dass die deutschen mittelständischen Unternehmen nicht wegen, sondern trotz mancher moderner Managementmethoden die neunziger Jahre überlebt haben ist sicher nicht ganz unzutreffend. Viele, nur grob installierte und nicht im Detail auf die Unternehmensstrukturen, das Produktionsprogramm und vor allem auf die Kundenerfordernisse angepasste Beratungskonzepte haben letztendlich an manchen Stellen sogar zur erheblichen Schwächung der beteiligten Unternehmen geführt.

Epilog

Ansätze wie der durch Johannes Gartzen initiierte Masterstudiengang Entrepreneurship, das Unternehmerseminar der FH Aachen sowie die Fachgebiete strategisches Management und Arbeitsorganisation im Bereich der Betriebswirtschaftslehre sind die geeigneten Inputkanäle, aus denen die Hochschule praktische Erfahrungen einsammeln kann. Die Aus- und Weiterbildung junger Menschen ist der Energiespeicher für den Lebensnerv der Region. Der Erhalt und Ausbau von Arbeitsplätzen und die Umsetzung von Inventionen in produkt- und marktreife Innovationen werden die Zukunft mitbestimmen. Johannes Gartzen ist wahrhaftig einer der „Energieminister“ in diesem Kontext. Wenn es ein Beispiel für konsequentes Networking gibt, dann ist es die Übersetzung für den viel strapazierten lateinischen Begriff „Carpe Diem“ aus seiner Sicht sicher: „Machen, Machen, Machen“. Eine Laudatio auf Johannes Gartzen wäre Eulen nach Athen tragen. Sein engagiertes Rufen in die Unternehmensregion Aachen-Düren-Jülich wurde stets gehört. Sein Spezialgebiet „Schweißtechnik“ war ihm schon früh viel zu eng. Er ist die „Kehlnaht“ zwischen den mittelständischen Unternehmen und der Hochschule.

5.7 Unkonventionelle Ansätze zur Krisenbewältigung im Mittelstand

Dagmar Wirtz

Geschäftsführende Gesellschafterin

3win Maschinenbau GmbH

Im Unternehmerseminar im Fachbereich Maschinenbau und Mechatronik der Fachhochschule Aachen durfte ich viele Jahre Studenten aus der Praxis des „Unternehmertums" berichten. Diese Vorlesungen sind mit wichtigen Themen für ambitionierte junge Menschen gefüllt, die sich mit dem Gedanken der Selbstständigkeit tragen.

Der Titel des nachfolgenden Beitrages lautet: „Neue Arbeitswelten – Verknüpfung zwischen Wissenschaft, Wirtschaft und Kreativität." Er ist überschrieben mit der Frage:

Kann Krise eine Chance sein? Ich möchte im Folgenden diese Frage ganz klar mit JA beantworten.

Kurz nur zum Unternehmensstand von 3win: 3win wurde von mir im Jahre 1999 gegründet und ist ein klassisches Maschinenbauunternehmen. Wir entwickeln jedoch keine eigenen Produkte, sondern sind Dienstleistungs- oder Outsourcingpartner der herstellenden Industrie.

Wir schreiben das Jahr 2008: Die Finanzkrise nahm ihren Anfang mit der Immobilienkrise in den USA, deren erstes deutliches Zeichen die Talfahrt der Aktienkurse der beiden größten US-amerikanischen Hypothekenbanken Fannie Mae und Freddi Mac war. Die Krise weitete sich schnell nach Europa aus.

In Deutschland sinken die Kurse der Immobilienbank Hypo Real Estate in den Keller. Auch hier vermag nur noch ein milliardenschwerer Kredit der Bundesregierung das schwer angeschlagene Unternehmen zu retten. Die Börsenkurse in Europa und den USA gehen weiter nach unten. Die New Yorker Börse verzeichnet den schwärzesten Tag seit 20 Jahren.

Auch ein Großteil unserer Kunden war davon betroffen. Es war ein Umsatzeinbruch von 58% zum Vorjahresmonat zu verzeichnen. In der Region Aachen stieg die Arbeitslosenquote auf 9,1%. Hinzu kam, dass rund 200 Betriebe und ca. 3.100 Beschäftigte von Kurzarbeit betroffen waren. 52% der Maschinenbauunternehmen der Region Aachen bewerteten ihre Geschäftslage negativ.

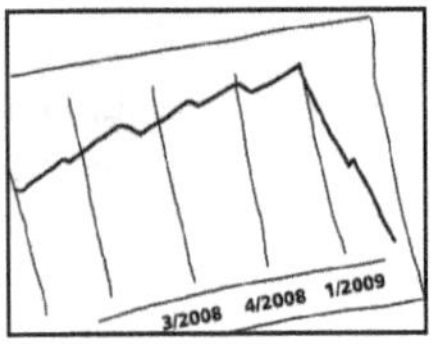

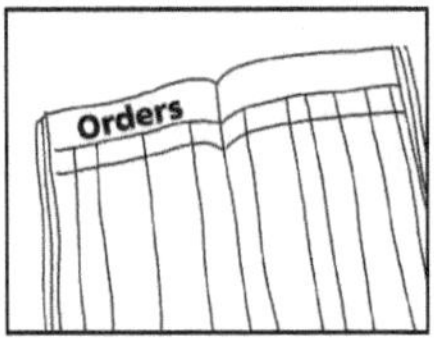

Und wie sah die Situation bei 3win aus? Wir hatten gerade erst ein eigenes Betriebsgrundstück gekauft, als genau zu dem Zeitpunkt einer unserer Hauptkunden wegbrach. Es kamen keine Aufträge mehr, wir hatten kurzfristig bis zu 80% Umsatzeinbußen. Wir hatten das Glück Ressourcen zu haben, mit denen wir die Situation bewältigen konnten. Wir hatten uns auf Wachstum eingestellt und wollten unsere Pläne nicht leichtsinnig kippen. Außerdem wollten wir keine unserer Mitarbeiter entlassen. Wir mussten allerdings auch mit einem nahezu leeren Auftragsbuch zurechtkommen. Nach Jahren des Erfolgs standen wir vor einer absolut nicht zu erwartenden Krisensituation. Wir mussten uns die Existenzfrage stellen. Wie sollen wir diese Krise überleben? Da wir nahezu keine Aufträge hatten, aber mit dem neuen Betriebsgebäude jede Menge Aufgaben und Verpflichtungen und auch möglichst keinen unserer wertvollen Mitarbeiter in der Krise verlieren wollten, mussten wir auf eine andere Weise Mehrwert generieren.

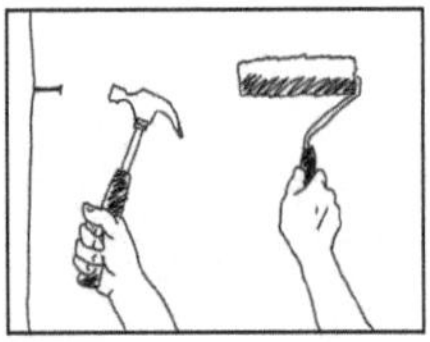
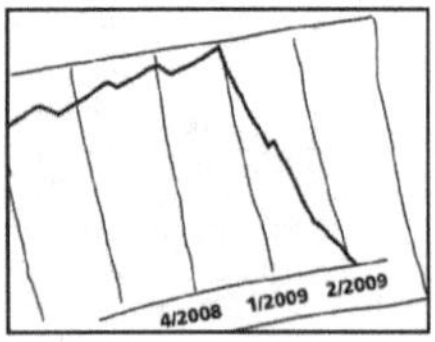

Und so ermittelten wir in vielen internen Besprechungen, welche Kompetenzen wir eigentlich an Bord hatten, die über das normale Alltagsgeschäft hinausgingen. Was konnten unsere Mitarbeiter anderes tun und damit sinnvoll und für das Unternehmen gewinnbringend eingesetzt werden? Was hatten unsere Mitarbeiter vor 3win gemacht? Hatten sie vielleicht einen anderen Beruf erlernt, handwerkliche Begabungen? Das Ergebnis war absolut faszinierend! Unsere Mitarbeiter verfügten über die Fähigkeiten als Maler, Fliesenleger und Trockenbauer. Und genau das konnten wir gebrauchen. Die Umsätze sanken, aber bei 3win begann der gemeinsame Umbau und die Neugestaltung der eigenen Betriebsstätte. Wir konnten unsere Mitarbeiter sinnvoll beschäftigen, unsere Pläne weiter verfolgen ohne externe Handwerksunternehmen in Anspruch nehmen und bezahlen zu müssen.

Gleichzeitig musste aber ein Neugeschäft her. Auch hier besannen wir uns unserer Kompetenz und ermittelten durch eine SWOT-Analyse die Kompetenzen, Märkte und Fähigkeiten, die unserer Meinung nach für 3win Zukunftspotenzial aufwiesen.

Wir ermittelten die:

- Lebensmittelindustrie,
- Halbleiterindustrie,
- sowie Zukunftstechnologien wie Medizintechnik.

Klinkenputzen hieß die Devise. Mit exzellenten Kompetenzen an Bord und einer klaren Strategie zogen wir los und klopften an die Türen der Schlüsselindustrien in der StädteRegion Aachen. Durch direkte Akquisition bei der herstellenden Industrie gelang es, unser Kerngeschäftsfeld Sondermaschinenbau für Großkunden schrittweise auszubauen.

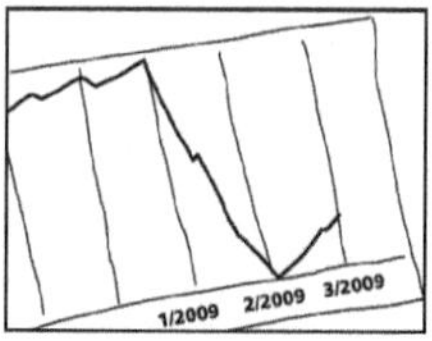

Die Zusammenarbeit mit der FH Aachen, an der ich mich persönlich seit langen Jahren als Dozentin engagiere, und der RWTH Aachen in diversen Forschungsprojekten verhalf uns zu weiteren hochinteressanten Kontakten. Durch die Beteiligung an den Forschungsprojekten, wie z.B. der Entwicklung des Elektrofahrzeugs StreetScooter gemeinsam mit dem Werkzeugmaschinenlabor (WZL) der RWTH Aachen, erlangten wir zusätzlich eine hervorragende Reputation.

Mit einem neuen, starken Unternehmensprofil, das durch aktive Akquisition an die richtigen Stellen getragen wurde und dort überzeugt hat, gelang es uns, die Krise zu überwinden. Die Aufträge kamen wieder rein, auch unser Hauptkunde aus der Halbleiterindustrie erholte sich und übertrug uns mehr Aufgaben als bisher. Die neu hinzugewonnenen Kunden zählen mittlerweile zu unseren Stammkunden.

Unser kreativer Umgang mit der Krise zeichnete sich nicht nur finanziell aus, sondern wurde auch öffentlich wahrgenommen. So erhielten wir im Jahre 2010 die Auszeichnung durch Herrn Prof. Lothar Späth als „Top 100 Unternehmen Deutschland" für den kreativen Umgang und die Bewältigung der Wirtschaftskrise.

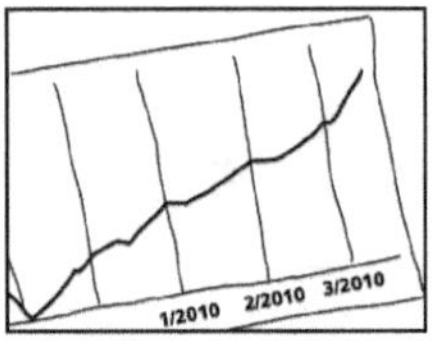

Wir sind stolz und glücklich, dass wir alle Mitarbeiter durch die Krise gebracht haben. Unser Gemeinschaftsgefühl wurde dadurch enorm gestärkt. Heute suchen wir wieder nach Fachkräften. Und haben übrigens im vergangenen Jahr unseren Betriebsstandort aufgestockt und mit einer zweiten großen Produktionshalle erweitern können.

Die Wirtschaft erholt sich langsam, auch unser Auftragsvolumen nimmt zu, die Umsätze entwickeln sich nach oben. Im September 2011 wurde 3win zum An-Institut der FH Aachen: Das „Institut für innovativen Maschinenbau" (IfiM) wird gemeinsam gegründet. Hieraus ergeben sich Möglichkeiten, eigene Forschungs- und Entwicklungsaufgaben durchzuführen und im Gegenzug Studenten in ihren Bachelor- und Masterstudiengängen zu betreuen. Ein weiterer Meilenstein in der Unternehmensgeschichte der 3win.

Ist die Krise nun auch eine Chance?

Wenn Sie mich fragen, kann ich die Frage durchaus und eindeutig mit JA beantworten. Wir haben dadurch die Chance genutzt, die Zusammenarbeit zwischen Wissenschaft, Forschung und Industrie zu verstärken, alle haben davon profitiert. Auch 3win!

Kolibri 360 GmbH
Ferdinand-Jühlke-Straße 7
99095 Erfurt, Deutschland
produktsicherheit@kolibri360.de